바이오농업은 **제2의 녹색혁명인가**

바이오농업은 제2의 녹색혁명인가

지 은 이   송만강 외

2005년 8월 10일 초판 1쇄 발행

편집주간   김선정
편   집   여미숙, 이지혜, 조현경
디 자 인   임소영
마 케 팅   권장규

펴 낸 이   이원중
펴 낸 곳   지성사
출판등록일   1993년 12월 9일
등록번호   제10 - 916호
주   소   (121 - 854) 서울시 마포구 신수동 88 - 131호
전   화   (02) 716 - 4858
팩   스   (02) 716 - 4859
홈페이지   www.jisungsa.co.kr
이 메 일   jisungsa@hanmail.net

ISBN 89 - 7889 -122-5(03470)

바이오농업은
제2의 녹색혁명인가

송만강 외 지음

지성사

미래의 생명산업, 바이오농업을 위하여

'바이오농업'이란 과연 무엇일까요? 우리는 한마디로 이렇게 대답하고 싶습니다. 사람의 건강과 복지를 최우선으로 하는 농산물 생산에 부분적으로 바이오기술을 접목시킨, 이른바 웰빙 지향적인 차세대 농업이라고. 즉 바이오농업은 무엇보다도 사람과 환경이 함께 어우러지는 미래의 생명산업을 추구하고 있는 것입니다.

이 책은 그러한 형태의 농업을 지향하는 교수들이 각자의 연구 현장에서 체험을 통해 터득한 이론과 실제에 기반을 두고 있습니다. 뿐만 아니라 미래의 한국 농업이 추구해야 할 방향을 제시하고자 하는 소망이 담겨 있습니다. 때마침 2004년 6월에 교육인적자원부의 지방대학혁신역량강화사업(NURI)에 우리 바이오농업전문인력양성사업단이 선정됨으로써 일반 대중들에게 보다 구체적으로 바이오농업을 알릴 수 있는 계기가 되었습니다.

우리나라의 농업은 1990년대까지 지속적인 생산기술의 개발과 기계화 및 생산설비의 자동화 등에 힘입어 대량생산의 형태로 발전되어왔습니다. 이는 곧 농산물의 모든 생산수단이 맛과 모양새, 그리고 생산량의 극대화에 초점을 맞춘 것이라 할 수 있습니다. 그러나 2000년대에 들어 고비용 체제인 국내 농업의 국제 경쟁력이 급격히 떨어지기 시작하면서, 이를 극복하기 위한 수단으로 안전성과 기능성이 추가된 고부가가치의 농산물을 생산하는 추세가 확산되기 시작했습니다. 이를 위해서는 무엇보다도 환경 친화적인 개념이 적용되어야 하며, 아울러 이에 걸맞은 농업 기반이 뒷받침되어야 할 것입니다.

이 책의 발간에 농과대학 교수 17명이 참여했습니다. 미래의 식량 생산과 인체의 건강에 생명공학적인 기법이 어떻게 적용될 수 있는지, 그리고 환경 친화적인 농업의 필요성과 구체적인 사례를 들었습니다. 아울러 현대적인 의미에서의 숲의 역할은 물론 목재의 생산 및 이용에 있어 바이오기술의 응용 방법을 소개하였으며, 물 환경을 보전하기 위한 방법 등도 기술하였습니다.

그러나 무엇보다도 이 책이 독자들의 흥미를 끌 수 있고 쉽게 이해할 수 있을 정도의 내용으로 구성되어야 하는바, 이러한 점들이 얼마나 충족될 수 있는지에 대하여는 다소 걱정스러운 점이 없지도 않습니다. 특히 농업의 어느 특정 분야에 국한되지 않고 비교적 다양한 분야로 구성되어 있기 때문에, 숲을 볼 수는 있지만 나무를 보지 못하는 우를 범할 수도 있다고 생각됩니다. 따라서 이 책에 대한 평가는 독자들의 몫으로 돌리며, 향후 바이오농업에 관련된 보다 알찬 내용을 위해서라도 냉철한 비판을 해주신다면 우리 저자들은 그것을 겸허히 수용할 것입니다.

아무쪼록 독자들이 이 책을 통해 조금이라도 바이오농업을 이해하고 우리가 지향해야 할 미래의 농업이 무엇인지를 알 수 있게 된다면 더 이상의 바람이 없을 것이며, 저술에 참여한 교수들에게도 크나큰 격려가 될 것입니다.

2005년 7월
저자 대표 송만강

식물생명공학의 현재와 미래

◆ 이이, 충북대학교 특용식물학과

01 생명공학이란 무엇인가?

흔히 '생명공학'(biotechnology)이라고 하면 대단히 어렵고 생소한 것이라 생각할지도 모르겠으나, 엄밀한 의미에서 생명공학은 이미 1만 2천 년전 인간이 경작을 시작하면서부터 시작되었다고 볼 수 있다. 당시 우리조상들은 야생의 식물들 가운데 먹기 좋은 식물들을 골라 심기 시작했으며, 그중에서도 좋은 형질을 보이는 것들의 종자를 모아 다시 심기를 반복해왔다. 이렇게 인위적인 선택을 통해 형질이 좋은 유전자를 지닌 개체를 선발해왔던 것이다. 이것은 현재 우리가 좋은 형질을 보이는 유전자를특정 식물에 넣어 품종을 개량하는 것보다 단지 시간이 많이 걸린다는 점외에는 다르지 않다.

그 후 기원전 8000~9000년 전부터는 가축을 치기 시작했으며, 기원전 6000년 전부터는 발효를 통해 술을 담그기 시작했고, 기원전 4000년전부터는 빵을 발효시켜 만들기 시작했다. 그리고 1880년대의 백신 개발

바이오동업은 제[2]의 녹색혁명인가 14

과 1940년대의 항생제 제조, 1960년대의 '녹색혁명'을 거쳐 1990년대에는 형질전환 식물의 개발에 이르게 된다. 이 모든 것이 유용 유전자를 식물이나 동물, 미생물이 갖도록 해서 유용한 물질을 생산한다는 점에서는 동일하다. 여기서는 현재 급속히 발전하고 있는 분야인 형질전환 식물을 통해 식물생명공학 전반의 현재와 미래를 살펴보도록 하겠다.

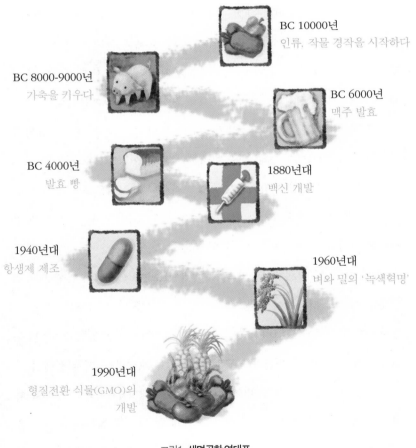

BC 10000년
인류, 작물 경작을 시작하다

BC 8000-9000년
가축을 키우다

BC 6000년
맥주 발효

BC 4000년
발효 빵

1880년대
백신 개발

1940년대
항생제 제조

1960년대
벼와 밀의 '녹색혁명'

1990년대
형질전환 식물(GMO)의
개발

그림1 **생명공학 연대표**

현재 작물은 높은 영양가와 균형 잡힌 화학 조성을 갖춘 고품질, 곰팡이나 바이러스에 대한 병 저항성, 추위나 가뭄에서도 잘 견디는 내냉(耐冷)·내한(耐旱)성, 빠른 성장, 자동화 경작과 수확에 알맞은 식물체형 등의 형질을 가진 신품종 개발이 당면과제가 되고 있다. 그러나 고전적인 육종의 경우 유전자원에 한계가 있을 뿐만 아니라 신품종 개발에 오랜 시간이 걸리는 관계로 여러 가지 제약이 많다. 교배에 의해 유전자를 하나 도입한다 하더라도, 그 유전자 이외에 도입된 외래 유전자를 제거하기 위해 역교배를 하는 데 많은 시간과 노동력을 필요로 하기 때문이다.

그 하나의 해결책으로서 분자생물학의 발달에 기초를 둔 유전공학적 방법이 도입되었으며, 상당 부분 한계를 극복하는 방법으로 각광받고 있다. 즉 특정 유전자만을 특이적으로 도입하거나 제거함으로써 시간을 단축시키고 유용한 유전자원의 한계를 극복할 수 있는 것이다. 그 결과 급변하는 시대에 맞는 신품종의 개발이 가능할 것이다.

예를 들어 토마토는 선충의 피해를 많이 보는 식물인데, 야생 토마토 중에는 선충에 저항성이 있는 유전자(Mi유전자)를 가진 식물이 있다. 이 유전자를 토마토에 도입하면 선충 저항성을 갖게 할 수 있을 것이다. 우선 교배를 통하여 이 유전자를 도입할 수 있는데(그림2), 이 과정에서 야생 토마토의 유전자가 너무 많이 들어가기 때문에 여러 차례 역교배를 하여 그 유전자를 제거해야 한다(그림3). 이때 몇 년간의 시간과 노력이 요구됨에도 불구하고 야생 토마토의 유전자는 완전히 제거되지 않는다. 그러나 만약 형질전환 기술을 사용한다면, 즉 야생 토마토로부터 Mi유전자를 분리하여 기존의 토마토에 도입한다면, 기존의 토마토에 유전자 교란 없이 선충 저항성을 갖게 할 수 있다(그림4).

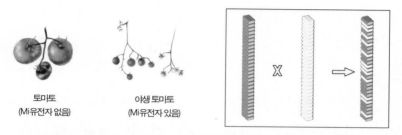

그림2 50권의 붉은 책과 50권의 흰 책. 교배를 통해 선충 저항성 유전자(Mi 유전자)를 도입한다. 이때 원하지 않는 유전자가 너무 많이 들어간다.

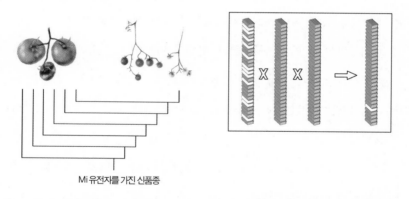

그림3 99권의 붉은 책과 1권의 흰 책. 수차례의 역교배를 통해 야생 토마토의 유전자가 대부분 제거되었으나 아직도 수백 개의 유전자가 Mi유전자와 함께 남아 있다.

그림4 100권(100,000쪽) 중 붉은색 99,999쪽과 흰색 1쪽. 야생 토마토로부터 오직 하나의 유전자만 짧은 시간에 도입되었다.

형질전환 작물의 재배 면적은 1996년 이후 매년 두 자리 수 이상의 비율로 꾸준히 증가하고 있으며, 경작 국가 또한 꾸준히 증가하는 추세이다. 또한 미국에서만도 1998년 이후 매년 약 1천 종류 이상이 재배 시험 허가를 받고 있다.

2003년도 형질전환 작물의 재배 현황을 보면, 전 세계 18개국에서 형질전환 작물을 재배하고 있다. 국가별로는 미국이 약 4300만 헥타르(ha), 아르헨티나가 1400만 헥타르, 캐나다가 400만 헥타르, 브라질과 중국이 각각 300만 헥타르에 이르는 지역에서 형질전환 작물을 재배하고 있다. 주요 작물로는 대두, 옥수수, 면화, 유채 등이 주종을 이루고 있다. 이들 작물의 경우 2003년도에 대두는 전체 경작 면적의 55퍼센트, 면화는 21퍼센트, 유채는 16퍼센트, 옥수수는 11퍼센트가 형질전환 작물이 차지하고 있다.

우리나라는 아직 형질전환 작물은 경작되고 있지 않으며 실험실 수준에서 연구가 진행되고 있다.

연도	1995	1996	1997	1998	1999	2000	2001	2002	2003
면적 (100만 ha)	0.0	1.7	11.0	27.8	39.9	44.2	52.6	58.7	67.7
전년 대비 증가율 (%)	-	-	547	153	44	11	19	12	15
국가수	0	6	6	9	12	13	13	16	18

표1 **세계 형질전환 작물 재배 추세**
[자료 : James and Krattiger 1996; James 1997, 1998, 1999, 2000, 2001, 2002, 2003]

국가명	재배 면적(100만 ha)	주요 재배 품목
미국	42.6	대두, 옥수수, 면화, 유채
아르헨티나	13.9	대두, 옥수수, 면화
캐나다	4.4	유채, 옥수수, 대두
브라질	3.0	대두
중국	2.8	면화
남아프리카공화국	0.4	옥수수, 대두, 면화
오스트레일리아	0.1	면화
인도	0.1	면화
우루과이	>0.05	대두, 옥수수
루마니아	>0.05	대두
스페인	<0.05	옥수수
독일	<0.05	옥수수
필리핀	<0.05	옥수수
인도네시아	<0.05	면화
콜롬비아	<0.05	면화
온두라스	<0.05	옥수수
멕시코	<0.05	면화, 대두
불가리아	<0.05	옥수수

표2 2003년도 국가별 형질전환 작물 재배 현황
[자료: James C, 2003]

형질전환은 어떻게 이루어지는가, 그 다섯 단계의 비밀

식물의 형질전환은 유전자의 확보, 벡터의 제조, 식물체로 유전자 도입, 형질전환체의 선발, 우수한 형질의 선발 등 다섯 단계로 이루어진다.

| 유전자의 확보 |　　　　과거 전통적인 방법의 육종에서는 교배가 가능한

종으로부터만 유전자를 얻었으나 이제는 어떤 종으로부터도 유전자를 얻을 수 있다. 뿐만 아니라 인공적으로 변형된 유전자를 이용해서도 형질전환을 시도할 수 있게 되었다.

| 벡터의 제조 |　　　'벡터'란 재조합 DNA를 만들기 위해 사용되는 일종의 원판 DNA 분자로서, 형질 전달 매개체라 할 수 있다. 즉 이 벡터에 새로운 DNA를 삽입하여 재조합 DNA를 만들고, 이것을 다른 식물체에 집어넣어 형질전환을 이루는 것이다. 어떤 벡터를 사용해야 하는지는 다음 단계에서 어떤 방법으로 식물체에 유전자를 도입할 것인가에 따라 결정된다. 만약 '유전자 총'(미세 금속 조각에 유전자를 묻혀서 발사하는 장치)을 이용해 이 벡터를 식물체에 집어넣는다면 특별한 과정이 필요하지 않으나, 현재 가장 많이 이용되고 있는 아그로박테리움($Agrobacterium$)이라는 토양 미생물을 이용한다면 그에 맞는 벡터를 이용해야 한다.

그리고 유전자를 도입할 것인가 아니면 제거할 것인가에 따라 유전자의 방향이 결정된다. 특정 유전자의 발현을 활성화시킬 경우에는 유전자를 정방향으로 벡터에 넣어서 그 유전자가 많이 발현되게 한다(센스sense 기술). 반대로 특정 유전자를 억제하고자 할 경우에는 유전자의 방향을 반대로 하여 삽입하는데(안티센스antisense 기술), 유전자가 발현되어 mRNA(메신저RNA)가 만들어졌을 때 기존 유전자의 mRNA와 상보적으로 결합하여 단백질이 만들어지지 못하기 때문이다. 최근 이 분야에서 많은 발전이 있었는데 RNAi(RNA interference, RNA 간섭) 등의 방법이 그것이다. 이 방법은 특정 유전자의 발현을 억제하고자 할 경우 그 유전자

를 정방향과 역방향으로 동시에 한 벡터에 삽입하여 유전자 산물이 자체적으로 상보적인 결합을 하게 유도하는 방법이다. 그 정확한 기작은 아직 알려져 있지 않으나, 정방향과 역방향의 유전자 사이에 특정 유전자의 인트론(유전자의 일부분으로, mRNA가 만들어질 때 제거되어 단백질 합성에는 관여하지 않는다)을 삽입하게 되면 그 효율이 증가한다고 알려져 있다.

| 식물체로 유전자 도입 |　　　동물에 비해 식물은 형질전환 방법이 다양하지 않다. 그 이유는 식물의 두꺼운 세포벽 때문인데, 동물의 형질전환에서 시도되는 다양한 방법이 식물에서는 용이하지 않은 경우가 많다. 현재 식물의 형질전환에서 가장 많이 사용되는 방법은 아그로박테리움이라는 미생물을 이용하여 핵으로 유전자를 삽입하는 방법이다.

우선 원하는 유전자를 벡터에 넣고 대장균에서 클로닝(복제)한 다음 유전자의 삽입을 확인하고 유전자 서열을 검정한다. 그 후 이 벡터를 이용해 아그로박테리움을 형질전환한 후 식물 세포와 함께 배양한다. 이때 아그로박테리움이 벡터에 들어 있는 유전자를 식물 세포의 핵으로 전이하게 된다. 그 후 항생제를 이용하여 아그로박테리움 세포를 제거하고, 형질전환이 완료된 세포를 마커유전자(표지maker가 되는 유전자)를 이용해 선발하게 된다.

유전자 총을 이용하는 방법은 미세한 금가루나 텅스텐 가루에 유전자를 묻힌 후 기체의 압력을 이용해 세포 내로 유전자를 삽입하는 방법이다. 이 방법은 유전자를 특별한 벡터에 클로닝할 필요가 없고 빠른 시간 내에 결과를 볼 수 있다는 장점이 있다. 또한 아그로박테리움이 핵으로만 유전자를 삽입하는 데 반하여 이 방법은 엽록체로도 유전자를 삽입할 수 있어, 꽃가루에 의한 유전자 외부 방출을 걱정하는 유전공학자들에게 보다 안전한 형질전환 방법을 제공하고 있다. 그러나 이 방법의 경우 아그로박테리움을 이용하는 것보다 삽입된 유전자의 안정성이 떨어진다는 한계가 존재한다.

그 밖에도 원형질체를 만든 후 전기를 이용하여 유전자를 삽입하는 방법(electroporation)과 미세한 주사기를 이용하여 직접 유전자를 삽입하는 방법(microinjection), 레이저를 이용하는 방법(laser aided gene injection) 등이 사용되고 있다.

| 형질전환체의 선발 |　　　　형질전환체의 선발은 여러 가지 방식으로 진행되고 있는데 크게 두 가지로 나눌 수 있다. 하나는 형질전환시 도입하고자 하는 유전자와 함께 마커유전자를 동시에 삽입하는 방법으로, 이 마커유전자를 통해 원하는 유전자가 들어간 사실을 확인할 수 있다. 또 하나는 마커유전자를 사용하지 않는 방법이 있는데, 그럴 경우 많은 시간과 비용이 들기 때문에 대부분은 마커를 이용하는 경향이 있다.

가장 많이 사용되는 마커는 항생제 저항성 유전자로서 카나마이신 저항성 유전자나 하이그로마이신 저항성 유전자를 이용한다. 마커로 사용되는 제초제 저항성 유전자로는 주로 바스타 저항성 유전자가 사용된다. 그 밖에도 당(糖)의 대사에 관계되는 유전자, 생장조절물질의 생합성에 관여하는 유전자를 이용하기도 하고, GFP(green fluorescent protein, 초록색 형광을 나타내는 단백질)와 같이 눈으로 보이는 마커를 이용하기도

한다.

그런데 마커를 사용할 경우 그 유전자가 잡초로 흘러들어가 슈퍼잡초의 출현을 야기할 수도 있다는 연구 결과가 발표되고 있어 많은 주의가 요망된다. 결국 필요로 하는 유전자만을 도입하는 무마커형질전환법(marker-free transformation)이 더욱 연구되어야 할 것이다.

| 우수한 형질의 선발 |　　　우수한 형질을 식물체에 도입하는 것만으로 우수한 식물체를 얻을 수 있는 것은 아니다. 실제 유전자가 발현되는 것은 생각보다 훨씬 까다롭게 조절되기 때문이다. 우선 크게 두 단계에서 유전자의 발현이 조절되는데, 하나는 유전자의 발현 단계이고, 또 하나는 만들어진 단백질이 세포 내에서 제 위치에 배치되는 단계이다.

유전자의 발현은 프로모터(주로 유전자 앞부분에 존재하는 DNA 염기서열)에 의해 조절되는데, 이때 만들어진 mRNA의 안정성이나 mRNA로부터 만들어진 단백질의 안정성에 의해서도 조절을 받게 된다. 많은 양의 단백질이 안정되게 만들어졌다 하더라도 기능을 할 수 있는 위치로 보내져야 제 기능을 다 할 수가 있다. 만들어진 단백질의 아미노산 서열이 그 위치를 결정하는데, 특정 아미노산 서열에 따라 소포체, 액포, 핵, 엽록체, 미토콘드리아 등의 위치로 단백질이 이동되게 된다. 또한 삽입된 유전자가 위치한 자리에 따라 유전자의 발현이 영향을 받는 이른바 '위치효과'(positional effect) 때문에 유전자의 발현은 쉽게 예측하기가 어렵다.

따라서 식물의 형질전환시에는 많은 종류의 형질전환체를 확보하여 이 형질전환체로부터 유용한 형질전환 식물을 선발할 필요가 있다.

형질전환 식물체는 과연 안전할까. 이에 대해서는 크게 환경에 대한 위해성과 인간에 대한 위해성으로 나누어볼 수 있다. 먼저 환경에 대한 위해성의 경우 다른 생물체에 대한 영향, 다른 생물체로의 유전자 이동, 하나의 유전자가 여러 형질에 영향을 주는 다면 발현 현상, 생물다양성 파괴 등을 생각할 수 있다. 그리고 인체 위해성의 경우에는 인체로의 유전자 이동 가능성, 도입된 유전자 산물에 의한 알레르기 유발 가능성, 새로 발현된 성분의 안전성 문제, 형질전환에 의해서 목표했던 것 외의 다른 변화가 일어나 영양소의 변화가 있을 수 있는 가능성 등을 생각할 수 있다.

실제로 유해성이 증명된 경우는 별로 없으나 그 가능성 때문에 아직은 유럽연합(EU)을 비롯한 많은 나라들이 형질전환 작물의 수입을 규제하고 있다. 하지만 유럽연합에서도 유전공학적으로 생산된 옥수수의 수입을 허용하는 등 점점 그 규제가 완화되는 추세이며, 유전공학이 초래할 수 있는 위험성이 환경론자 등에 의해 과대 선전된 경향이 있다고 볼 때, 지금의 불확실성이 제거된 이후에는 유전공학을 이용한 형질전환 및 그에 따른 품종 개발이 급속히 증가될 전망이다.

식물의 경우 생명공학의 무한한 가능성을 가진 분야이다. 세계적으로 각

생명공학 회사들은 백신 등 바이오신약의 개발에 있어 특히 식물을 선호한다. 동물 배양 세포나 곤충 세포를 쓰는 방법도 개발되고는 있으나, 생산량이나 비용 측면에서 비교가 안 되기 때문에 식물을 생물공장으로 이용하기를 선호한다.

특히 식물 중에서도 생물량이 비교적 큰 담배, 토마토, 감자, 옥수수, 해바라기 등을 많이 이용하고 있으며, 이들 식물에서 생산되는 의약용 단백질은 백신이나 자가면역 치료제가 주류를 이루고 있다. 이 외에도 앞으로는 다양한 의약용 물질이 식물을 통해 생산될 것이며, 여러 가지 기능성 물질도 식물로부터 개발되어 생산될 전망이다.

세계적으로 형질전환 작물이 재배되는 면적과 국가의 수가 급속히 증가하고 있으며, 특히 콩의 경우 2002년도에 이미 전 세계 생산량의 50퍼센트 이상이 형질전환 콩으로 대체되었다. 또한 현재 수천 종류의 형질전환 작물이 개발되어 포장 실험(정식 재배가 아닌 실험 재배)을 거치고 있으며, 형질전환 작물의 안전성이 증명되고 이것이 대중적으로 받아들여져 상품화가 될 때를 기다리고 있다.

그러나 우리나라는 아직 식물생명공학 분야의 기술이 뒤떨어져 있는 형편인데, 앞으로 세계 시장에서 경쟁력을 확보하려면 이 분야의 기술 개발에 게을리 해서는 안 될 것이다. 그러므로 차세대 성장 동력 산업에 이 분야를 포함시켜 생명공학을 장려하는 것은 꼭 필요한 일일 것이다.

생명공학은 제2의 녹색혁명인가

◆ 조용구, 충북대학교 식물자원학과

01 유전공학과 새로운 품종의 개발 육성

분자생물학의 발전과 더불어 유전자의 분리·조작 기술이 고도로 발전되고, 작물 육종에 응용 가능한 새로운 기술이 창안되면서 인류의 복지 증진에 무한한 가능성을 보여주고 있다. 생명공학(biotechnology) 또는 유전공학(genetic engineering)이라는 학문 분야는 태어난 지 이제 겨우 30여 년에 불과한 아주 연소한 분야이나 인류 복지 향상을 위해 엄청난 일을 해내고 있다.

현재까지 생명공학 연구가 가장 활발한 분야는 의약 분야이다. 한 예로 1997년 미국에서 생명공학적 방법으로 개발된 의약품 시장 규모가 86억 달러인 데 비하여 농업 분야는 약 3억 달러였다. 그러나 농업 분야의 장래 발전 가능성은 아주 높아 이 분야 생명공학 산물의 전 세계 시장 규모가 2006년에는 60억 달러, 그리고 2020년에는 200억 달러에 달할 것으로 예상된다.

농업에서 생명공학적 기법이 가장 크게 기여할 분야는 작물 육종 분야이다. 전 세계적으로 형질전환 작물의 실제 재배 면적이 1996년에는 170만 헥타르에서 2004년에는 8100만 헥타르로 약 47배가 급증해왔다.

식물이나 동물은 많은 세포가 모여 이루어져 있다. 예를 들어 식물 세포는 엽록체, 핵, 미토콘드리아, 소포체, 리보솜, 액포, 세포막, 세포벽 등 여러 기관들로 구성되어 있는데, 그 중심에 핵이 있고 핵 속에는 염색체가 있다. 이 염색체에는 '유전자', 즉 '부모로부터 자식에게 유전'되고 있는 유전의 기본 단위가 포함되어 있다. 그리고 이 유전자는 'DNA'(디옥시리보핵산)라는 물질로 이루어져 있다.

DNA는 당과 인산이 2중 나선 구조로 꼬여 있고, 그 사이에는 네 종류의 염기가 사다리처럼 배열되어 있다. 이 염기는 A(아데닌), G(구아닌), C(시토신), T(티민)로 되어 있는데, A와 T, G와 C가 반드시 짝을 이루고 있다. 이 염기의 나열 순서가 생물의 신체를 만드는 다양한 지령이 되어 생명 현상을 지배하고 있는 것이다. DNA는 종을 넘어 지구상의 모든 생물에 공통적으로 존재하며 그 생물 고유의 '생명의 설계도'를 기술한 유전자 화학물질이다.

DNA에 암호화되어 있는 유전정보는 네 가지 염기의 서열로 구성되어 있는데, 단백질을 구성하고 있는 기본 단위체인 아미노산의 종류는 20

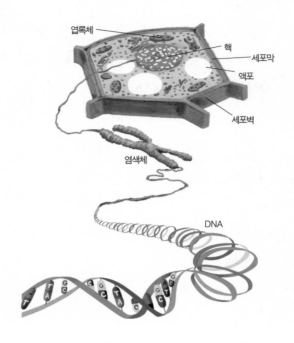

그림1 **식물 세포와 DNA의 유전정보**

가지이므로 이를 충족시키기 위해서는 일정한 법칙을 필요로 하게 된다. 따라서 20종류의 아미노산을 염기의 조합으로 지정하게 되며, 이것을 '유전암호'(genetic code)라고 한다. 이 유전암호에서는 특정 아미노산을 지정하는 세 가지 염기의 조합을 이용하게 되는데, 이 조합의 단위를 '코돈'(codon)이라 칭한다.

이와 같이 DNA는 A, G, C, T 네 종류의 염기로 구성되어 있고, 이들 중 세 종류의 염기 조합에 의해 특정 아미노산의 유전암호를 만들며, 이들 아미노산 코돈의 연쇄 배열에 의해 단백질의 유전정보를 형성함으로써 하나의 유전자로서 구성된다. 즉 유전정보란 단백질의 아미노산 배열을 결정하는 것이다. 단백질은 보통 300개 정도의 아미노산으로 구성되어 있기 때문에, 그것들의 배열 순서를 결정하는 염기쌍 수는 900개 정도가 된다. 이것이 한 개의 유전자에 해당한다.

고등식물에 존재하는 유전자 수를 정확히 알 수는 없지만, 작물의 유전자는 대략 3만 개 정도로 추정하고 있다. 한 개의 유전자가 대략 1000개의 염기쌍으로 구성된다고 볼 때, 3만 개의 유전자는 3000만(3×10^7)개의 염기쌍으로 구성될 수 있다. 고등식물 중에서 게놈(유전자gene와 염색체chromosome의 합성어로, 한 생물체가 지닌 모든 유전정보 DNA의 집합체)의 크기가 가장 작은 아라비돕시스(*Arabidopsis*)가 대체로 이 정도 크기의 게놈을 가지고 있고, 우리가 재배하고 있는 작물들은 보통 $10^7 \sim 10^{10}$개의 염기쌍으로 구성되어 있다.

작물 육종을 위한 생명공학적 연구는 왜 필요할까?

수많은 인구를 부양하는 식량은 태양 에너지가 식물과 녹조에 의하여 전환된 형태이다. 우리가 식량 생산에 이용하고 있는 작물은 자연 교잡과 선발의 과정을 통해 양적 · 질적으로 더 나은 작물로 개량되어왔고, 20세기에 이르러서는 현대적인 교배 육종 방법에 의하여 획기적인 향상을 이루어왔다. 농업 분야의 과학자들이 땀 흘린 결과로 '녹색혁명'이라 불리는 식량 생산의 획기적인 증대를 이루었으며, 이러한 작물의 증대는 1930년대와 비교해볼 때 50퍼센트 이상의 성장을 기록한 셈이다. 즉 새로운 작물의 육종이 식량 증대에 반 이상 기여한 것으로 알려지고 있다.

그러나 20세기 말에 지구의 인구는 60억을 돌파하였으며, 2020년이 되면 100억에 이를 것으로 추정하고 있다. 지구상의 자원은 제한적이고, 식량 생산이 가능한 경작지도 한계가 있으며, 더욱이 도시화에 따라 일부 지역에서는 경작 면적이 감소하는 추세에 있다. 따라서 인구의 증가는 앞으로 지구를 식량 위기 상태에 이르게 할 것이다. 이러한 상황에 비추어 볼 때, 분자생물학의 이론을 바탕으로 한 생명공학 기술을 농업에 적용하여 '제2의 녹색혁명'을 이루어야 할 것이다.

생명공학 기술을 이용하여 새로운 작물을 육종하기 위해서는 기본적으로 다음과 같은 네 단계의 연구 과정이 필요하다.

그 첫 번째 단계는 기초 연구로서, 1973년에 처음으로 미생물에서 성공한 유전자 재조합 연구이다.

두 번째 단계는 초기 응용 연구로서, 목적 유전자를 식물로 형질전환하는 연구이다. 1983년에 담배에서 처음으로 성공한 바 있다.

세 번째 단계는 형질전환에 성공한 새로운 계통을 야외 포장에서 실제 재배 실험하는 단계로, 새로 육성된 품종의 생산성 및 형질전환 대상인 특성이 실제 야외 포장에서도 제대로 발현되는지를 확인해보는 과정이다. 그리고 이 과정의 또 다른 목적은 새로 개발된 형질전환 품종이 환경이나 생태계에 혹시 악영향을 미치지 않는가 하는 것을 조사·연구하는 것이다. 이 단계의 최초 실험은 1986년 미국과 프랑스에서 실시한 제초제 저항성 담배의 포장 실험이었다.

마지막으로 네 번째 단계는 육종의 최종 단계로서, 형질전환 품종을

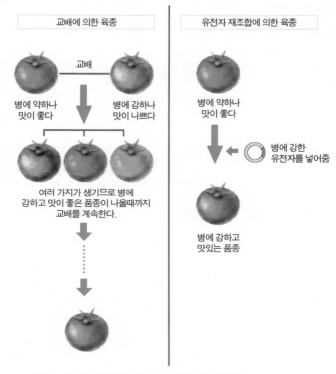

그림2 **교배에 의한 육종과 유전자 재조합에 의한 육종 비교**

농가에서 실제로 대량 재배하는 단계이다. 이를 '상용화 단계'라고 한다.

전 세계적으로 최초의 상용화 사례는 1992년 중국에서 있었다. CMV라는

바이러스에 저항성을 가진 담배 품종을 종자 증식 목적으로 약 400헥타

르의 농가 포장에서 재배한 것이었다. 그리고 미국에서의 최초 상용화는

1994년 칼젠(Calgene) 회사가 새로운 토마토 품종(FlavrSavr™)을 농가에

시판한 것이다.

인류는 아주 옛날부터 식물이나 동물, 술, 된장 등의 식품을 만들기 위해 미생물을 개량하는 등 생물이 갖는 기능을 잘 이용하여왔다. 유전자 재조합 기술은 이러한 생물 고유의 기능을 잘 이용하기 위해 개발된 기술의 하나로서, 어떤 생물로부터 목적으로 하는 유용한 유전자만을 취하여 개량하고자 하는 생물에 도입함으로써 새로운 성질을 부여하는 획기적인 기술이다. 이 기술에는 다음과 같은 장점이 있다.

첫째, 어떤 생물로부터 분리해낸 유용 유전자를 종의 벽을 넘어 다른 생물에 도입함으로써 농작물 개량 범위를 대폭 확대할 수 있다. 나아가 식품 재료는 물론 생분해성 플라스틱이나 의약품의 생산 등에도 이용될 수 있다.

둘째, 다른 유용한 성질은 변화시키지 않고 오로지 목적하는 성질만을 부여할 수 있으며, 보다 미세한 개량도 가능하다.

이러한 유전자 재조합 기술은 국내의 농림 · 수산업, 식품 산업이나 관련 산업의 근본적 체질 강화에도 도움이 될 뿐만 아니라, 생산물의 다양화 및 고부가가치화에 크게 기여할 것이다. 또한 21세기에 더욱 심각해질 것이라 예상되는 세계의 식량 문제나 환경 문제 등을 해결하는 데도 크게 공헌하리라고 전 세계적으로 기대를 모으고 있다.

유전자 재조합 기술이 이미 실용화되고 있는 분야에는 의약품, 공업용 효소, 실험이나 검사 등에 사용되는 시약 등이 있다. 구체적으로는 사람의 의약품으로 쓰이는 인터페론이나 인슐린을 비롯하여 세제, 효소 등이 큰 시장이 되고 있다.

농림 · 수산업 및 식품 분야에서는 유전자 재조합 미생물을 이용한 동물용 의약품(고양이용 인터페론 등)이나 치즈 제조용 효소(키모신), 사료에 첨가하는 아미노산의 실험용 쥐 생산 등이 있고, 많은 것들은 이미 실용화되고 있다. 또한 저장성이 개선된 토마토(상품명 FlavrSavr 토마토 등)가 1994년 미국에서 세계 최초로 유전자 재조합 농작물로서 상품화된 것에 이어, 제초제 저항성 유채 및 대두, 해충에 강한 옥수수나 면화가 미국, 캐나다에서 상품화되고 있다.

유전자 재조합 기술을 적용할 때는 유전자 산물의 작용이 확실히 알려진 유전자만을, 지금까지의 육종 등에 의한 지식이 축적되어 있는 농작물에 도입하므로 예상하지 못한 특성을 갖는 개체가 출현할 가능성은 거의 없다. 그러나 만에 하나 예상 외의 특성을 갖는 개체가 만들어질 수 있는 가능성에 대비해 나름대로의 방책을 마련하고 있다. 현재의 안전성 평가 기준에는 식품으로서의 안전성 또는 환경에 대한 안전성 측면에서 문제가 있는 경우 그 개체를 배제하도록 하는 평가 항목이 설정되어 있다.

특정한 목적을 가진 유전자의 재조합은 1973년 미국에서 세계 최초로 성공한 이후 현재까지 30년 이상 전 세계적으로 수많은 실험이 이루어져 왔으나, 이 기술 자체가 원인이 되어 안전상 예상 못했던 사태가 생긴 예는 한 건도 보고되어 있지 않다.

07 유전자 재조합 기술을 농림 · 수산업이나 식품 산업에 이용했을 때의 효과는?

농림 · 수산업이나 식품 산업 등에서 유전자 재조합 기술을 이용할 경우 획기적인 신품종의 창출, 생산 공정의 효율화 등은 물론, 21세기 인구 100억 시대의 식량 문제, 지구 환경 문제 등을 해결하는 핵심 기술로서도 기대되고 있다. 농작물 품종 개량의 범위를 대폭 확대하는 것 외에도, 농작물을 이용하여 자연 상태에서 분해되는 플라스틱 제품을 만들거나 에너지 자원으로 이용하는 등 지금까지와는 전혀 다른 농작물 이용 형태를 만들어내는 데도 유효하다. 구체적으로는 다음과 같은 예를 들 수 있겠다.

첫째, 소비자 요구에 따른 농림 · 수산물이나 식품을 생산할 수 있다. 예를 들어 영양 성분이나 기능성 성분(항암 효과 등)이 강화된 농작물, 저장성이 좋은 농작물, 알레르기 원인물질을 제거한 식품 등을 생산할 수 있다.

둘째, 생산력의 비약적 향상에 의해 식량 문제 해결을 기대할 수 있다.

예를 들어 수확이 아주 많은 농작물, 저온·건조·염해 등의 불량 환경이나 병충해에 강한 농작물 개발이 가능하다.

셋째, 환경 및 자원 문제 해결에 기여할 수 있다. 생분해성 플라스틱, 환경 정화 미생물, 생물 에너지 개발, 병충해 저항성 품종 개발로 인한 농약 사용량 감소 등을 들 수 있다.

유전자 재조합 농작물은 어떻게 만들어지는가?

유전자 재조합 농작물을 만들기 위해서는 우선 생물체로부터 목적하는 유용 유전자를 탐색하고 해당 유전자만을 분리한다. 이때 이 유전자 이외의 다른 유전자가 섞이지 않도록 조치한다.

그리고 농작물의 종류에 따라 주로 다음과 같은 세 가지 방법—아그로박테리움 이용법, 유전자 총 이용법, 전기충격법—으로 목적 유전자를 농작물의 세포 내 핵으로 도입한다. 이 단계에서 목적하는 유전자가 제대로 도입되었는지 알 수 없으므로 많은 세포를 배양하여, 이들 중 목적 유전자가 도입된 것만을 선발하여 증식시킨다.

이렇게 증식한 세포에서 잎이나 뿌리를 유도하고 식물체를 재생한다. 그리고 이렇게 육성된 많은 식물체 중에서 목적하는 유용한 성질이 발현되고 있는 식물체를 선발한 뒤 교배 등을 통해 유전적으로 안정되게 유지시키는 노력이 이어지고, 드디어 유전자 재조합 농작물이 만들어진다.

그 후에도 유전자 재조합 농작물을 실용화할 경우에는 환경에 대한

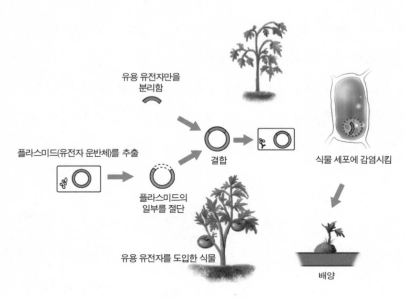

유용 유전자만을
분리함

플라스미드(유전자 운반체)를 추출

결합

식물 세포에 감염시킴

플라스미드의
일부를 절단

유용 유전자를 도입한 식물

배양

그림3 아그로박테리움 이용법

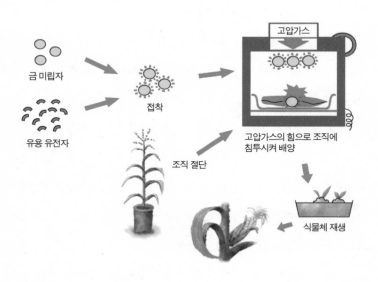

고압가스

금 미립자

접착

유용 유전자

조직 절단

고압가스의 힘으로 조직에
침투시켜 배양

식물체 재생

그림4 유전자 총 이용법

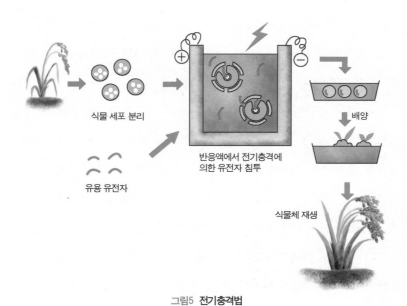

식물 세포 분리

유용 유전자

반응액에서 전기충격에
의한 유전자 침투

배양

식물체 재생

그림5 **전기충격법**

안전성, 식품으로서 또는 사료로서의 안전성 확인을 위한 조사 · 시험이
지속적으로 이루어진다.

인간이 **다른 생물의 유전자를 재조합**하는 것은 **자연의 섭리**에 어긋나는가?

약 1만 년 전, 인류는 수렵 · 채집 생활에서 스스로의 손으로 식량을 생산
하는 농경 생활을 시작했다. 그 후 현재에 이르기까지 인류는 식량을 효
율적으로 확보하기 위해 자연계에 존재하는 많은 식물, 동물, 미생물을
교배 등의 방법을 통해 개량해왔다. 결국 교배에 의해 유전자가 재조합된
결과 다양한 성질을 가진 개체가 생겼고, 그중 유용한 성질을 갖는 개체

만을 선발·개량해온 것이다. 오늘날 우리가 일상생활에서 먹고 있는 쌀, 야채, 고기 등의 대부분은 이와 같이 수많은 교배에 의해 유전자가 재조합되어온 성과이다.

인류가 이용하는 생물의 개량은, 우리가 생명을 유지해가는 데 가장 기본이 되는 식량을 미래에도 안정적으로 확보하기 위해서, 또는 장래 예상되는 전 지구적 환경 문제를 극복하기 위해서도 불가결한 것이다. 이러한 생물 개량을 진전시키는 데에는 넓은 범위에서 유용 유전자를 탐색하여 그것을 품종 개량의 소재로 이용하는 것이 바람직하다고 알려져왔다.

초기의 품종 개량에서는 자연 교배가 가능한 범위에 있는 동종(同種) 또는 아주 근연의 생물 사이의 교잡에 의해 유전자 도입이 이루어져왔으나, 최근 생명공학 기술의 발전으로 배(胚) 배양이나 세포융합 등의 기술이 개발되면서 자연 상태에서는 교잡이 곤란했던 생물로부터의 유용 유전자 이용도 가능하게 되었다. 결국 품종 개량 기술은 이용 가능한 유전자의 수를 인위적인 기술에 의해 증가시키는 방향으로 발전해왔다고 할 수 있다.

유전자 재조합 농작물의 경우도 농업 생산에 유용한 형질을 발현하도록 유전자가 재조합된 것으로, 과학적으로 보면 보통 품종 개량으로 생기는 현상과 동일한 차원에서 현상이 발생된다는 점, 그리고 장래에

그림6 **바이러스에 강한 토마토(왼쪽)와 종래의 토마토**

식량의 생산성이나 품질을 향상시켜 우리 생활을 보다 풍요롭게 한다는 점에 있어서는 지금까지 해왔던 품종 개량과 동일한 것으로 볼 수 있다. 비록 방법은 조금 다를지라도 종래의 개량 기술의 연장선상에 있는 것이라 하겠다.

제초제 저항성 농작물이란 무엇인가?

제초제 저항성 농작물이란, 특정 제초제에 의한 영향을 받지 않도록 하는 단백질을 만드는 유전자가 들어 있어 그 제초제를 살포하여도 시들지 않는 농작물이다.

현재 농작물 재배시 잡초나 농작물의 종류에 따라 몇 가지 제초제를 파종에서 수확까지 여러 차례 살포하고 있다. 그러므로 식물의 종류에 구별 없이 쓸 수 있는 제초제와 이 제초제에 영향을 받지 않는 농작물을 같이 재배하면 가장 효과적인 시기에 제초제를 살포할 수 있을 것이다. 따라서 제초제의 살포 횟수나 사용량은 종래에 비해 현저히 감소하여 친환경 농업을 추진하는 데 유효하다. 이는 환경의 부담을 감소시키기를 원하는 소비자가 쉽게 받아들일 수 있는 농작물 생산으로 이어질 것

그림7 제초제 저항성 대두. 제초제를 살포하기 전(왼쪽)과 후의 모습이다.

이고, 또한 농가에서도 노동력과 비용을 절감시켜 경영에 도움이 되리라 생각된다.

해충에 강한 농작물이란 어떤 것인가?

해충에 강한 농작물이란, 해충(예 : 나비목, 파리목, 딱정벌레목 곤충)의 천적 미생물(예 : 바실루스)에서 특정 해충만을 죽이는 단백질을 만드는 유전자(예 : Bt유전자)를 추출하여 농작물에 도입한 것이다. 이 미생물은 토양에 보편적으로 존재하고 있는 굉장히 흔한 것이다. 어떤 Bt단백질이 살충력을 가지는 것은 단지 몇 종류의 해충에 대해서일 뿐이므로 그 밖의 생물에 영향을 미치는 일은 없다. 그래서 이 Bt단백질은 환경 친화적인 '생물농약'으로 국내에서는 1981년부터 사용되고 있다.

Bt단백질이 살충력을 나타내기 위해서는 곤충에게 두 가지 조건이 필요하다. 먼저 단백질이 곤충의 소화관 내(알칼리성)에서 완전히 소화되지 않고 독성을 갖는 특정 펩티드(단백질이 부분적으로 소화된 것)로 남아야 하며, 이 독성 펩티드를 인식할 수 있는 수용체가 소화기관 점막에 있어야 한다.

그러나 Bt단백질은 조리 등의 가열에 의해 쉽게 변성되고 또한 포유류는 위액이 산성이기 때문에 종래의 농작물과 같이 소화된다. 그리고 독성을 갖는 펩티드가 포유류의 소화기관에 소화되지 않고 남아 있다 하더라도 포유류에는 수용체가 없기 때문에 생체에 영향을 미치지 않는다. 이

그림8 조명나방 유충에 의한 옥수수 피해 상황　　그림9 콜로라도감자잎벌레에 의한 감자의 피해 상황

러한 사실은 쥐나 토끼 등의 동물 실험에서 이미 확인된 바 있다.

　　해충에 의한 피해는 막대하여, 예를 들어 미국 농무부에 의하면 옥수수 재배에서 조명나방에 의한 피해는 매년 1조 원 이상 발생한다고 알려져 있다. 현재의 방제법은 대부분 살충제 사용에 의존하고 있으므로, 해충에 강한 농작물을 재배하면 살충제 살포 횟수나 사용량을 줄일 수 있어 환경 보전에도 크게 도움이 될 것이다. 또한 농가에서도 노동력 및 생산비 절감으로 이어질 것이라 생각된다.

제초제 저항성 농작물이 잡초화하거나 잡초와 교배가 이루어져 슈퍼잡초가 생기지는 않을까?

작물에 따라 다르겠지만 유전자 재조합 농작물에 대하여는 다양한 안전성 평가를 실시하여, 종래의 농작물과 비교해도 환경에 나쁜 영향을 미치지 않음을 확인한 다음에 재배를 승인하고 있다. 또한 현재 재배되고 있는 작물은 오랜 기간 육종한 결과 발아율이 좋고 종자가 자연적으로 퍼지기 어렵게 되어 있는 등 인위적 재배에 적당하게 개량되어 있어 잡초화가 어렵다는 특성이 있다.

이 때문에 야생 환경에서 번식하기 어렵고, 만에 하나 잡초화하더라도 특정 제초제에만 영향을 받지 않을 뿐 그 밖의 특성은 다른 잡초와 다를 바가 없으므로, 기계로 제거하거나 다른 제초제를 살포하는 극히 통상적인 방법으로 제초가 가능하다.

이러한 제초제 저항성 작물을 농작물별로 설명하면 다음과 같다.

· 대두 : 제꽃가루받이(자가수분)를 하는 식물이므로 교잡 가능한 근연종의 콩류가 주변에 있어도 인위적으로 강제적인 가루받이를 시키지 않는 한 교잡이 일어나지 않음이 실험적으로 확인되어 있다.

· 옥수수 : 바람에 의해 꽃가루가 운반되어 가루받이를 하는 식물이므로 주변에 다른 옥수수 또는 교잡 가능한 근연종이 있으면 교잡이 된다. 그러나 옥수수 재배에 이용되는 종자는 F1으로 매년 재배시마다 종자를 갱신하므로, 가루받이된 종자가 이듬해 종자로 사용되는 경우는 없다. 또한 교잡 가능한 야생 식물은 우리나라에는 존재하지 않는다.

· 유채 : 곤충에 의해 꽃가루가 운반되어 가루받이를 하는 식물이므로 주변에 갓이나 평지 같은 근연종의 식물이 있으면 교잡이 된다. 그러나 야외 실험에서 꽃가루의 비산 범위는 수미터로 좁다는 것이 밝혀져 있고, 또한 교잡에 의해 종자가 생기는 비율도 극히 낮으므로 자

연 환경에서 안정적으로 생존하기는 곤란한 것으로 생각된다. 게다가 일본의 경우 유채를 종자 형태로 30년 가까이 수입하고 있으나 이것이 수송 중 땅에 떨어져 잡초화되었다는 보고는 없다.

· 면화 : 제꽃가루받이를 하는 식물이므로 인위적으로 강제적인 가루받이를 시키지 않는 한 교잡에 의해 종자가 생긴 사례는 없음이 실험적으로 확인되었다. 또한 교잡 가능한 식물은 우리나라에는 존재하지 않는다.

이 외에도 제초제 저항성 농작물의 재배에 의해 역으로 제초제 남용이 발생하지 않을까 하는 우려도 지적되고 있으나, 제초제 사용량의 증대에 의한 농업 경영 압박이나 살포 횟수의 증가에 의한 노동력 증대 등을 고려하면 필요 이상의 양을 사용하는 것은 아무런 이점이 없다. 오히려 미국에서는 전국 평균으로 대두 1에이커당 20퍼센트 정도 제초제 사용량이 감소했다는 보고가 있다.

유전자 재조합 농작물에는 제초제의 영향을 받지 않거나 해충에 강한 유전자가 도입되었다고 하는데 그 메커니즘은 무엇인가?

제초제 저항성 농작물에는 토양 미생물로부터 추출해낸 유전자가 도입돼 있는데, 이 유전자는 특정 제초제의 영향을 받지 않게 하는 단백질을 만들어낸다. 또한 해충의 영향을 받지 않는 작물에도 미생물로부터 도입된 유전자가 있는데, 이 유전자가 만들어내는 단백질은 특정한 해충에만 영향을 미칠 뿐 사람을 포함한 포유류에는 안전한 것이다.

이들 유전자는 앞에서도 설명한 바와 같이 DNA로 되어 있는데, DNA는 섭취되면 소화돼버리므로 그 자체로 독성을 나타내는 일은 있을 수 없다. 또한 어떠한 단백질을 만들어내는가 등 그 기능이 알려져 있는 유전자만을 추출하여 사용하고 있으며, 유전자에 의해 만들어진 단백질은 가열 처리나 인공 위액 등에 의해 분해됨이 확인되어 있다. 그리고 지금까지 식품으로서 안전성이 확인된 20개 품목에서는 실험용 쥐 등을 이용한 동물 실험으로 급성 독성 시험이 행해지고 있다.

참고로 이들 단백질은 원래의 농작물에 함유된 단백질과 비교하면 그 양이 매우 적다. 예를 들면 1996년에 허가받은 3종류, 6품종의 농작물에 대하여 도입 유전자에 의한 종자 내 평균 단백질 발현량을 보면, 생조직 1그램당 제초제 저항성 대두(1품종)에서는 0.288밀리그램(mg, 1mg=1000분의 1g), 해충 저항성 옥수수(2품종)에서는 5나노그램(ng, 1ng=10억분의 1g) 및 4.7마이크로그램(μg, 1μg=100만분의 1g), 제초제 저항성 유채(3품종)에서는 10마이크로그램 및 49마이크로그램으로 나타났다(1996년 일본 식품위생조사회 상임위원회 보고에서). 이들 제초제 저항성 대두·유채, 해충 저항성 감자·옥수수, 저장성 좋은 토마토 등은 미국, 캐나다, 영국 등에서 안전성이 확인되어 식탁에 오르고 있으며, 어떠한 유전자 재조합 농작물에 대해서도 인체의 건강에 영향을 미친다는 보고는 없다.

유전자 재조합 농작물에는 항생제 내성 유전자가
들어 있는 것이 있다는데 먹어도 괜찮을까?

유전자 재조합에 성공했는지 아닌지를 확인하기 위해 '카나마이신'이라는 항생물질에 내성(저항성)을 가진 유전자를 넣은 재조합 농작물이 있다. 이에 대하여도 인공 위액 및 장액에 의한 소화 유무, 가열 처리에 대한 감수성, 예상되는 섭취량, 경구투여한 항생물질의 활성화 추정량에 따라 문제가 생길 가능성 유무 등의 평가가 행해지고 있는데 안전성에 문제가 없다는 결론이 나왔다.

이 항생물질 내성 유전자가 장내 세균에 이행하게 되어 장내 세균이 항생제 내성이 되어버리지나 않을까 하는 우려가 있으나 여태까지는 식물에서 미생물로 유전자가 이행한다는 보고는 없다는 점, 식물 중의 항생제 내성 유전자는 소화기관에서 단시간에 분해된다는 점, 만약 유전자가 장내 세균에 이행한다 하더라도 유전자 발현에 관여하는 프로모터 등의 조절기구가 식물과 미생물은 상당히 다르다는 점 등을 볼 때 그럴 우려는 없다고 생각된다.

바이오매스와 바이오에너지

◆ 한규성, 충북대학교 산림과학부

01
청정하고 지속 가능한 에너지를 찾아서

'신·재생 에너지'는 지속 가능한 에너지 공급 체계를 위한 미래 에너지원으로서, 이산화탄소를 거의 발생시키지 않는 환경 친화형 청정에너지와, 태양광 또는 풍력 등과 같이 고갈되지 않는 무한 에너지를 뜻한다.

신·재생 에너지는 과다한 초기 투자라는 장애요인에도 불구하고 화석에너지의 고갈 문제와 환경 문제에 대한 핵심 해결 방안이라는 점에서, 선진 각국에서는 신·재생 에너지에 대한 과감한 연구·개발과 보급 정책 등을 추진해오고 있다. 최근 유가의 불안정, 기후변화협약의 규제 대응 등 신·재생 에너지의 중요성이 재인식되면서, 에너지 공급 방식이 중앙 공급식에서 지방 분산화 정책으로 전환하는 시점과 맞물려 환경, 교통, 안보 등을 고려한 지역 자원의 활용 측면에서도 적극적인 추진이 요망되고 있는 실정이다. 또한 기존 에너지원에 대한 가격 경쟁력까지 확보할 경우 신·재생 에너지 산업은 IT(정보통신기술), BT(생명공학), NT(나노기

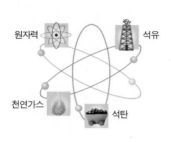
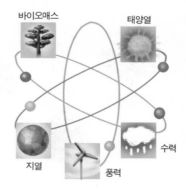

그림1 **기존의 에너지와 신 · 재생 에너지**

술) 산업과 더불어 미래 산업, 차세대 산업으로 급신장이 예상되고 있다.

우리나라도 '신 · 재생 에너지 개발 보급 및 이용 보급 촉진법' 제2조
에 석유, 석탄, 원자력, 천연가스가 아닌 에너지로 11개 분야를 지정하여
연구와 보급에 박차를 가하고 있다.

· 신에너지(3개 분야) : 연료전지, 석탄액화가스화, 수소에너지

· 재생에너지(8개 분야) : 태양열, 태양광 발전, 바이오매스, 풍력, 소수

　력, 지열, 해양에너지, 폐기물에너지

바이오매스란 무엇인가?

'바이오매스'(biomass)는 원래 생태학 용어로서 '생물량' 또는 '생체량'이
라고 번역되기도 한다. 이것은 태양에너지를 받은 식물과 미생물의 광합
성에 의해 생성되는 식물체 및 균체와, 이를 먹고 살아가는 동물체를 포

나무

농작물

쓰레기

매립 쓰레기 가스

알코올 연료

그림2 **바이오매스의 종류**

함하는 생물 유기체의 유기물량(보통 건조 중량 또는 탄소량으로 표시함)을 의미한다. 따라서 생태학적 의미에서는 나무의 줄기, 뿌리, 잎 등이 대표적인 바이오매스이며, 죽은 유기물인 유기계 폐기물(목질 폐재, 가축의 분뇨 등)은 바이오매스가 아니라고 할 수 있다. 그러나 이와 같은 생태학적 정의와는 달리 산업계에서는 유기계 폐기물도 바이오매스에 포함시키는 것이 보통이다.

따라서 바이오매스 자원은 곡물, 감자류를 포함한 전분질계의 자원과, 초본, 임목과 볏짚, 왕겨와 같은 농수산물을 포함하는 셀룰로오스(섬유소)계의 자원과, 사탕수수, 사탕무와 같은 당질계의 자원은 물론, 가축의 분뇨, 사체와 미생물의 균체를 포함하는 단백질계의 자원까지를 포함하는 다양한 성상을 지니고 있다. 또한 이들 자원에서 파생되는 종이, 음식 찌꺼기 등의 유기성 폐기물도 포함한다.

지구상의 생물량에 대한 관심은 자원 문제가 부각되면서 높아지게 되었으며, 많은 연구자가 생물량의 추정을 시도하고 있으나 그 추정값에는 많은 차이가 있다. 대체로 단위면적당 생물량이 가장 큰 것은 산림이며, 그중에서도 열대다우림은 1제곱미터당 평균 약 45킬로그램($6 \sim 80kg/m^2$)

으로 가장 큰 값을 나타내고 있다. 그 다음으로는 열대계절림, 온대상록수림의 순서다. 초본이나 물속의 플랑크톤 군집 등은 생산력은 높지만 생산한 유기물을 유지·축적하는 수단이 없기 때문에 생물량은 적다.

지구 전체로서의 생물량도 열대다우림이 전체 생물량의 41.6퍼센트를 차지하여 가장 많다. 그 다음이 열대계절림, 온대상록수림, 북방침엽수림, 온대낙엽수림의 순이다. 놀라운 것은 점유 면적이 지구의 10퍼센트 안팎에 불과한 산림이 전체 생물량의 90퍼센트 이상을 차지한다는 사실이다. 그러나 동남아시아와 남아메리카 등지의 대규모적인 산림 벌채나 개발 등으로 지구상의 생물량은 해마다 달라지고 있으며, 이와 관련한 지구 규모의 환경 변화가 지적되고 있다.

바이오매스의 특징 ⁰³

바이오매스 자원은 재생이 가능하며 또 넓은 지역에 분산되어 있는 자원이어서 지역 에너지원으로서 주목되고 있다. 에너지원으로서 바이오매스의 장점은 에너지를 저장할 수 있다는 점, 재생이 가능하다는 점, 물과 온도 조건만 맞으면 지구상 어느 곳에서나 얻을 수 있다는 점, 최소의 자본으로 이용 기술의 개발이 가능하다는 점, 그리고 원자력 등과 비교할 때 환경적으로 안전하다는 점 등이다.

한편 단점으로서는 넓은 면적의 토지가 필요하다는 점, 토지 이용 측면에서 농업과 경합한다는 점, 자원 부존량의 지역차가 크다는 점, 비료

·토양·물·에너지의 투입이 필요하다는 점, 문란하게 개발하면 환경 파괴를 초래한다는 점 등을 들 수 있다. 또 바이오매스의 생산·수집·운반·변환에 관련한 기술적 문제, 경제성과 에너지평형(투입 에너지에 대한 산출 에너지의 비율)에 대한 문제도 있다.

따라서 바이오매스 자원의 이용과 개발은 위와 같은 장점과 단점을 다각도로 검토한 후에 지역 실정에 맞춰 판단할 필요가 있다.

한편 이러한 바이오매스의 원천을 종류별로 살펴보면 다음과 같다.

· 초본 에너지 작물 : 다 자라기까지 2년 내지 3년이 걸리고 이후로 매년 수확이 가능한 다년생 식물. (예 : 스위치그래스, 부들, 대나무, 사탕수수)

· 짧은 주기의 목본 작물 : 심은 지 5년 내지 8년이면 수확 가능한 속성의 활엽수. (예 : 포플러, 버드나무, 물푸레나무, 호두나무, 플라타너스)

· 산업 작물 : 특정 산업의 화학물질을 생산하기 위해 개발·조성되는 작물. (예 : 섬유질 추출용 양마와 짚류, 리시놀산 추출용 피마자)

· 농작물 : 대개 당, 기름, 그리고 플라스틱이나 다른 화학물질을 만드는 데 사용되는 여러 추출물 등을 산출하는 것으로, 현재 유통 중인 생산품과 미래에 새롭게 개발될 상품의 성분을 포함하는 작물. (예 : 옥수수 녹말과 옥수수유, 대두유와 대두 가루, 밀 전분, 기타 식물유)

· 수중 바이오매스 자원 : 민물 또는 바닷물에서 얻는 조류 등. (예 : 조류, 대형 해조류, 그 외 해초와 해양 미생물)

· 농업 작물 찌꺼기 : 추수되지 않거나 상업적인 유통이 어려운 줄기나

이파리. (예 : 옥수숫대, 밀짚, 볏짚)

· 임업 폐기물 : 미리 솎아내고 죽은 나무를 제거하는 등의 수림 관리 작업에 의해 만들어지는 것뿐만 아니라 상업용의 침엽 · 활엽수 중 벌채되지 않았거나 벌목장에서 제외된 수림.

· 도시 쓰레기 : 주거 · 상업 · 산업용 쓰레기. (예 : 폐지, 판지, 폐가구, 작업장 쓰레기)

· 공정 폐기물 : 바이오매스 공정 폐기물로 총칭되는 부산물과 폐수. (예 : 제품이나 종이를 만들기 위한 목재 처리 과정에서 생겨나는 톱밥 · 나무껍질 · 가지 · 이파리 등, 농장이나 육류 가공 작업에서 생겨나는 쓰레기)

석유 시대의 위기, 이제는 바이오매스 변환이다!

04

지구상의 생물권에는 동식물의 유체를 미생물이 분해하여 무기물로 환원시키는 물질 순환 사이클이 있는데, 이 미생물(분해자)을 대신하여 인간이 이것을 에너지나 유기원료로 이용하자는 것이 바이오매스 변환이다. 마른 잎이나 짚으로 밥을 짓거나, 장작불로 증기기관차나 자동차를 굴리고, 횃불로 어둠을 밝히는 것 등은 바이오매스의 직접적인 이용이다. 반면 목재를 구워 숯을 만들거나, 미생물을 이용해 알코올을 만들거나 메탄가스를 발생시키고, 풀이나 짚을 썩혀 퇴비를 만드는 일 등은 바이오매스의 변환 이용이다.

현재 에너지원으로 큰 비중을 차지하는 석유는 머지않은 장래에 고갈 될 것으로 예상되고 있으며, 이를 대신할 에너지원의 필요성이 요청된 지 오래다. 광합성 연구로 1961년 노벨화학상을 수상한 미국의 화학자 캘빈 은 "석유 고갈 시대를 대비하여 식물을 매체로 한 태양에너지 이용 기술 을 개발하자"고 제창하였으며, 1976년 9월에 열린 미국화학회에서는 "석 유가 나는 나무(*Euphorbia lathyris*)를 발견하였다"고 발표한 바 있다.

그 후 1978년 말부터 시작된 제2차 석유파동을 계기로 세계 각국에서 는 바이오매스 이용에 관한 연구가 활발해졌다. 일본에서는 코알라의 먹 이로 알려진 유칼립투스의 잎에서 채취한 기름이 가솔린을 대신하여 자 동차의 연료가 될 수 있다는 가능성이 입증되었다. 주조법과 같은 발효법 으로 사탕수수나 카사바로부터 알코올을 뽑아 가솔린에 혼합해서 만드는 '가소올'(gasohol)의 연구도 활발하여 브라질이나 미국에서는 이미 일부 실용화되고 있으며, 알코올만으로 달리는 자동차도 있다. 바이오매스 이 용에 특히 관심이 깊은 나라는 석유가 나지 않는 동남아시아와 남아메리 카의 개발도상국 및 유럽의 선진국들로서, 바이오매스를 이용한 에너지 개발은 이제 전 세계적인 주요 당면과제가 되었다.

지금까지 연료나 화학원료의 생산 기술은 석유 자원을 이용한 화학적 합성 공정에 크게 의존하였으나, 이로 인한 환경 문제 및 자원 고갈 등의 문제가 대두되었다. 따라서 이러한 공해 유발형 및 에너지 과소비형 화학 원료 생산 공정을, 재생 가능한 자원인 바이오매스를 이용한 생물공학적 발효 공정으로 대체하여, 탈공해ㆍ저공해의 청정 생물공학 기술(green-biotechnology)을 이룩하려는 연구가 활발히 진행되고 있다.

생물 유기체(바이오매스)를 구성하는 탄수화물은 석유를 구성하는 탄화수소와 마찬가지로 이론적으로는 화학·생물공학 기술을 응용하여 우리 일상생활에 쓰이는 거의 모든 화학제품을 만들 수 있다. 다만 탄탄한 인프라를 구축하고 값싸게 공급되는 석유화학 제품을 경제성 면에서 극복하지 못하고 있을 뿐이다.

그런데 미국의 카길(Cargill) 사는 네브래스카 주에 건설된 바이오 리파이너리(bio-refinery, 식물체 등 바이오매스를 원료로 에탄올·부탄올·아세톤 등의 바이오연료와 젖산·숙신산 등의 화학원료를 만드는 기술 또는 생산 시설을 말함)에서 옥수수를 원료로 젖산을 포함한 여러 화학제품과 생분해성 플라스틱(polylactic acid)을 생산하기 시작하였다. 이러한 바이오매스를 이용한 범용 화학제품의 생산은 석유의 소비를 절약할 뿐만 아니라 공정 자체에서 에너지 소비를 줄일 수 있으므로, 석유화학계 플라스틱 등을 대체하여 환경오염을 감소시키는 역할을 하게 된다.

05

바이오에너지는 어떻게 얻는가?

사람들은 아주 오래 전부터 바이오매스로부터 에너지를 얻었으며, 이렇게 바이오매스로부터 얻는 에너지를 '바이오에너지'라 부른다.

바이오매스를 에너지원으로 이용하는 방법에는 여러 가지가 있다. 바이오매스의 직접 연소는 바이오매스의 용도 중에서 가장 저차원의 것이다. 그럼에도 오늘날 세계 연간 에너지 공급량의 6분의 1은 바이오매스로부터 직접 얻고 있으며, 벌채된 수목의 약 절반이 고형 연료의 형태로 요리 및 난방용으로 이용되고 있는 현실이다.

그런데 연료의 균질성 측면이나 에너지 밀도가 높고 취급이 용이하다는 점 등에서 보면 연료의 유체화(액체 또는 기체로의 변환) 쪽이 이점이 많다. 그래서 여러 가지 전환 기술이 개발되어 있는데, 가장 많이 보급되어 있는 것이 알코올화(액체화)와 메탄의 생성(가스화)이다.

직접 연소에 사용되는 고형 연료로는 장작, 톱밥, 칩 등이 일반적인데, 1970년대 후반 브리켓(briquet)과 펠릿(pellet)이 개발되어 사용되었다. 브리켓과 펠릿은 톱밥 또는 대팻밥 등의 목질 폐재를 높은 압력과 열로 고밀화하여 만든 것이다. 브리켓은 장작 모양으로 생겼으며 우리나라에서는 이를 탄화시킨 성형탄의 형태로 많이 이용되고 있고, 펠릿의 모양은 동물 사료와 유사하다. 최근에는 펠릿이 북미나 유럽에서 가정용의 자동화된 난로나 보일러의 연료로 사용되고 있으며, 북유럽에서는 산업용 열병합발전소 연료로서도 각광을 받고 있다.

유체화된 바이오연료에는 액체 연료인 에탄올 · 메탄올 · 바이오디젤과, 기체 연료인 수소 · 메탄이 있다. 이러한 바이오연료는 일차적으로는 운송 수단의 연료로 사용되고, 또한 여러 엔진들의 연료나 전기를 발생시키는 전지에도 쓰인다.

그림3 미국 미주리 주의 한 바이오 리파이너리

에탄올은 바이오매스 내의

그림4 **바이오에너지**

탄수화물이 당으로 전환되어 만들어지는 것인데, 당이 다시 양조맥주와
유사한 발효 과정을 거쳐서 에탄올로 생성된다. 에탄올은 옥수수 등의 곡
물로부터 얻은 녹말을 생화학적 기술을 이용해 변환한 것으로 현재 가장
널리 이용되고 있는 바이오연료인데, 바이오매스로부터 얻어졌다 하여
'바이오에탄올'로도 불린다. 이는 휘발유 차량에서 일산화탄소와 스모그
를 일으키는 다른 배출 물질들을 줄이는 연료 첨가제로도 널리 사용되고
있다. 그리고 셀룰로오스계 바이오매스에서 에탄올을 추출하는 것도 현
재 개발 중이다.

바이오디젤은 대두유, 유채유, 동물의 지방질, 폐식용유, 해조유로부
터 만들어진다. 유기적으로 추출된 기름이 알코올(에탄올이나 메탄올)과
화합되는 과정에서 에틸에스테르나 메틸에스테르를 형성함으로써 바이
오디젤이 생성된다. 이 바이오디젤(에틸에스테르 또는 메틸에스테르)은 기

그림5 **브리켓**　　　　　　　　　　　　그림6 **펠릿**

존의 디젤 연료와 혼합하여 차량의 배기가스를 줄이는 디젤 첨가제로 사용하거나, 100퍼센트 그 자체를 차량 연료로 사용할 수 있다.

바이오매스는 열화학적 변환 기술(고온의 무산소 상태에서의 열분해 과정)에 의해 기화되어, 일차적으로 수소와 일산화탄소로 구성된 합성가스(syngas) 혹은 바이오합성가스(biosyngas)로 불리는 혼합가스를 생성한다. 수소는 이 합성가스에서 환원될 수도 있고, 혹은 촉매 작용을 통해 메탄올로 전환되기도 한다. 또 전기를 발생시키기 위해 바이오매스로부터 가스를 생성해내기도 한다. 기화 시스템은 바이오매스를 가스(수소, 일산화탄소, 메탄의 혼합)로 전환시키기 위해 고온을 사용한다. 이 가스는 곧바로 터빈의 연료로 쓰이기도 하는데, 제트 추진력 대신에 발전기를 돌린다는 점에서 제트엔진과 아주 유사하다. 고형 연료인 숯(목탄)도 열화학적 변환 기술에 의해 얻어지지만, 합성가스 생산을 위한 열분해 과정보다는 낮은 온도에서 변환이 이루어진다.

또한 유기성 폐기물(음식 쓰레기, 분뇨, 동물체 등)로부터는 미생물에 의한 발효를 통해 메탄과 같은 바이오가스(biogas)가 생성되는데, 이는

그림7 **바이오디젤 주유소**

전기 발전이나 산업 공정 과정에서 증기를 만드는 보일러의 연소용 또는 가정의 조리용으로 쓰이고 있다.

한편 생물체의 광합성 작용을 이용하여 직접 바이오연료를 만들 수도 있는데, 이는 광생물학적 변환 기술에 속한다. 예를 들어 박테리아와 녹조류의 광합성은 물과 햇빛으로부터 수소를 생산하는데, 이때 얻어진 수소를 '바이오수소'라고 부른다. 열화학적인 방법을 통해 얻어진 합성가스로부터 분리된 수소 역시 바이오가스로 불리며, 이러한 바이오수소는 전지 등에 사용되는 수소에너지로의 활용이 기대되고 있다.

생체 요술 화살, 바이오센서

◆ 박종화 · 맹승진, 충북대학교 지역건설공학과

01 21세기의 '먹고' '생활하고' '건강하게 사는' 환경

20세기가 '디지털의 세기'라면 21세기는 '생태의 세기'라 하고 있다. '생태'(ecology)란 흔히 지구 생태계에 영향을 미치는 환경과 인간을 통칭하여 일컫는 경우가 많은데, 이러한 환경이나 인간과 밀접한 관련을 갖는 것이 바로 생명공학이다. 생명공학이 21세기의 인간 활동에 변혁을 주는 것은 '먹고' '생활하고' '건강하게 사는' 세 가지 삶의 양태와 밀접한 연관이 있기 때문일 것이다. 먹고 생활하고 건강하게 살아간다는 것은 환경과 에너지, 의료와 건강, 농업과 식품을 말하는 것이기도 하다.

'먹거리' 문제에서 벼의 게놈 해독은 근본적으로 품종 개량과 연결되며, 그 결과는 식량 자급률의 향상으로 기대된다. 미국에서 성장하고 있는 GMO(유전자 변형 식품)는 농업 분야에 IT와 NT 기술을 도입함으로써 새로운 식료 사업의 가능성을 제공해주고 있다. 농업 분야에서 계측할 수 있는 대상 역시 온도와 압력만으로는 불충분하고 수분이나 질소, 인, 칼리, pH, 환경물질 등 다양한 형태로 요구되고 있어, 앞으로 생체와 화학적인 계측 기술의 수요와 요구는 다양화되고 높아질 것으로 생각된다.

'생활'에 관한 문제는 에너지와 환경 및 물이 중요한 키워드가 될 것이다. 개인 차원에서 에너지는 계절에 따른 냉난방과 전기 등의 열 공급은 물론 휴대전화, 디지털카메라, 컴퓨터와 같이 우리의 일상생활과 밀접한 관련을 갖는 기기들의 배터리 잔량에 대해 신경을 써야만 되는 현실적인 문제와 직결되어 있다. 이에 따라 다양한 에너지를 활용한 센서 기술과, 수시로 변화하는 지구 환경 변화를 감시하고 관리할 수 있는 기술이 요구되고 있다.

환경 문제는 1974년에 국제적으로 제기되어 1985년부터 지구 온난화에 관해 세계인의 공감대가 형성되면서, 프레온가스(CFC)에 의한 오존층 파괴와 지구 온난화 문제에 관한 '몬트리올 의정서'와 '도쿄 의정서' 같은 법규제를 제정하는 등 대책을 마련해가고 있다.

또한 생활에 필수적인 요소로 물을 들 수 있다. 현재 세계적으로 이용 가능한 담수는 1인당 연간 7400세제곱미터이다. 이는 일상생활에 필요한 양의 몇 배에 해당하는 것으로, 숫자상으로는 충분한 양이다. 그러나 실질적인 수자원은 지역적으로 편중되어 있어, 담수 공급량이 1000세제곱미터가 되지 못하는 나라가 26개국(약 2억 3200만 명)이나 된다. 문제는 물 수요의 증가 속도가 인구 증가보다 빠르다는 점으로, 1950년과 비교하여 약 다섯 배나 증가해왔다. 따라서 수자원의 관리와 감시를 위한 바이오센서 기술의 접목과 활약이 기대되고 있다.

'건강하게 사는' 문제를 보자. 우리나라 고령화율(총인구 가운데 65세

이상 인구의 비율)의 상승 경향은 다른 나라와 비교하여 매우 빨리 진행되고 있어 행정기관이나 기업들의 신속한 대응이 요구되고 있으나 제도와 문화가 이것을 따라가지 못하는 감이 있다. 건강과 의료, 노약자 간병에 관한 문제는 앞으로 더욱 중요시될 것이다. 또한 당뇨나 고혈압, 심장질환 같은 이른바 성인병이 심각한 사회 문제가 되고 있다. 이는 생활습관과 밀접한 관련을 갖는 것으로, 수술로 회복할 수 있는 급성 질환과는 달리 끊임없는 자기 노력과 절제에 의존하는 만성 질환인 경우가 많다. 이와 같은 개인의 일상생활에 대한 체내 정보를 체크하는 시스템으로 현재는 체중계, 체온계, 혈압계, 체지방계 등이 주류를 이루고 있으나, 앞으로는 바이오센서를 활용한 기술, 즉 헬스케어 칩이나 센서 기술 등으로 발전할 것으로 예상된다.

따라서 앞으로 '먹고' '생활하고' '건강하게 사는' 데 활용 가능한 기술로, 생물이 가지고 있는 뛰어난 분자 식별 능력을 이용하는 바이오센서의 기능과 역할이 매우 커질 것으로 예상된다.

02
자연을 모방한 요술 화살, 바이오센서

의료 분야를 시작으로 환경 정화나 공업 공정에서 화학물질을 측정할 수 있는 센서의 개발은 다양한 분야에서 요구되고 있으며, 앞으로 그 기술 개발이 더욱 기대되고 있다. 그러나 화학물질에는 많은 종류가 있어 특정 화학물질을 취하는 화학센서를 만드는 것은 매우 어렵다. 따라서 효소와

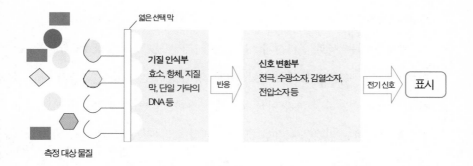

엷은선택막

기질 인식부
효소, 항체, 지질
막, 단일 가닥의
DNA 등

반응

신호 변환부
전극, 수광소자, 감열소자,
전압소자 등

전기 신호

표시

측정 대상 물질

그림1 **바이오센서기술**

같은, 특정 물질을 인식하는 생체분자의 이용을 생각할 수 있다.

체내의 화학반응에는 특정 효소가 관여하는데, 그 효소가 특정 분자를 식별하여 그 분자의 화학반응을 돕는 촉매 역할을 하는 것이다. 이 효소의 식별 기능을 '분자 인식 기능' 또는 '분자 식별 기능'이라 하고, 이 기능을 이용하여 특정 화학물질을 분석하는 시스템을 '바이오센서'라 부른다. 즉 바이오센서란 생물과 생체, 효소, 미생물, 항체 등 생체물질이 가지고 있는 뛰어난 분자 인식 능력을 활용하거나 모방한 화학센서를 말한다.

바이오센서는 측정 대상의 화학물질을 인식하는 분자 인식 재료, 즉 '기질 인식부'(bioreceptors)와, 그때 발생하는 물리적 · 화학적 변화를 전기 신호 등 검출 가능한 신호로 변환하는 '신호 변환부'(transducer)로 구성된다. 기질 인식부(효소, 항체, 지질막, 단일 가닥의 DNA 등)는 측정 대상인 기질을 인식하여 어떠한 변화(물질 변화, 색 변화, 흡 · 발열, 질량 변화등)를 일으키면서 반응한다. 이러한 변화는 신호 변환부(전극, 수광소자, 감열소자, 전압소자 등)를 거치면서 전기 신호로 바뀌게 되고, 이 전기 신호를 처리함으로써 기질의 농도를 알 수 있게 된다.

생체 안에는 서로 친화성이 있는 효소-기질, 효소-보조효소, 항원-항체, 호르몬-수용체 등의 조합이 있다. 바이오센서는 이러한 조합의 한쪽을 막으로 고정하여 분자 인식 물질로 사용함으로써 다른 한쪽을 선택적으로 계측하는 원리를 이용한 것이다. 센서의 특이성은 분자 인식 재료의 기능에 의존하며, 그 감도는 신호 변환부에 따라 달라진다. 여기서 효소 등은 값이 비싸고 불안정하므로, 안정적으로 반복 사용하기 위해서는 고정화 기술이 중요하다.

03 바이오센서의 종류와 기술 체계

바이오센서는 일찍부터 연구 · 개발되어 실용화되어왔는데, 주로 분자 인식 재료를 기준으로 분류하는 경우가 많다. 효소를 이용하는 센서에는 단백질 센서, 알코올 센서, 유기산 센서, 콜레스테롤 센서 등이 있으며, 미생물을 이용하는 센서에는 BOD센서, 암모니아 센서 등이 있다. 또한 항체-항원 반응을 이용하여 특정 물질을 측정하는 면역물질 센서도 있다. 기술 요소에 따른 바이오센서 기술을 정리하면 표1과 같다.

일상생활에 응용되고 있는 센서들에 대해 살펴보면 다음과 같다.

| 산화환원효소 센서 |　　　　효소는 측정 대상 물질인 기질에 대해 특이성을 가지며, 선택적으로 작용하는 특징이 있다. 또한 효소는 온화한 조건

기술요소				예
바이오센서	인식부위	생체물질	효소 센서: 산화환원효소 센서	글루코오스 산화효소 등의 산화환원효소
			효소 센서: 그 밖의 효소 센서	가수분해효소, 전이효소 등
			미생물 센서	질화세균, 효모 등
			면역물질 센서	항원, 항체 등
			유전자 센서	DNA, RNA 등
			세포·기관 센서	미토콘드리아, 동식물 조직 등
			그 밖의 생체물질 센서	글루코시드, 펩티드 등
		생체모의물질	지질·지질막 센서	인지질, 지질 이중막 등
			감각 모방 센서	냄새 센서, 촉각 센서 등
	인식부위이외	신호 변환부 등		신호 변환, 시료 채취 장치 등

표1 **바이오센서의 기술 체계**

에서 작용하며, 특별한 시약이 필요 없고, 높은 안전성과 공해를 발생시키지 않는다는 장점이 있다.

효소를 이용한 센서는 오래전부터 개발되어 사용되고 있는데 가장 대표적인 것이 글루코오스 센서이다. 이것은 산소 검출용 전극(산소 전극) 또는 과산화수소 검출용 전극(과산화수소 전극)과, 전극에 고정된 글루코오스 산화효소로 구성되어 있다. 시료 중의 글루코오스는 전극에 고정된 글루코오스 산화효소의 촉매 반응으로 산화되어 글루콘산으로 변화한다. 이때 글루코오스 농도는 소비되는 산소의 감소량 또는 발생하는 과산화수소의 농도에 비례하므로, 이것을 산소 전극 또는 과산화수소 전극으로 검출하여 시료에 포함된 글루코오스 농도를 측정하게 된다.

이 글루코오스 센서는 혈액이나 소변 속의 글루코오스 농도 측정에 사용되며, 당뇨병 질환을 감시하는 데 이용되고 있다. 이 외에 젖산, 에탄

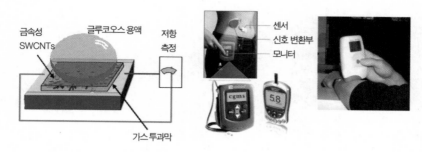

그림2 산화환원효소 센서   **그림3** 글루코오스 센서

올, 요산, 콜레스테롤 등의 센서가 실용화되어 있다.

| 그 밖의 효소 센서 | 효소는 뛰어난 성질을 가지고 있으므로 산화환원효소 외에도 가수분해효소, 전이효소 등 다양한 효소를 이용한 바이오센서가 개발되어 있다.

| 미생물 센서 | 효소 센서의 효소 대신 미생물 균체를 직접 고정한 바이오센서를 말한다. 효소는 미생물 등에서 정제 과정을 거쳐 제조되므로 일반적으로 가격이 비싸고 불안정하며 고정화가 어렵다. 미생물을 그대로 고정하면 효소 등의 추출 작업이 필요 없으므로, 균체 안의 많은 종류의 효소로 만들어지는 복합효소를 파괴하지 않고 이용이 가능하며 다단계 반응을 이용할 수 있는 등 장점이 많다.

미생물 센서에는 특정 화합물의 영양원을 지표로 하는 호흡 활성 측정 형식과, 미생물의 대사 산물을 측정하는 형식 등이 있다. 호흡 활성 측정 형식은 호기성(好氣性) 미생물과 산소 전극으로 구성되어, 호흡으로 소

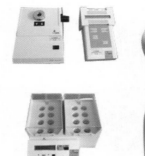

그림4 **미생물 센서(BOD 센서)의 사용 예**

비되는 산소를 검출하는 것이다. 최초로 개발된 BOD(생물학적 산소 요구량) 계측용 센서가 잘 알려져 있다. 그리고 미생물의 대사 산물을 측정하는 형식은 고정화 미생물 막과 이온 선택성 전극, 이산화탄소 전극 등을 조합하여 미생물의 대사 산물을 측정하는 방식이다.

BOD 센서는 하천의 오염 상태를 조사하는 것으로, 이 BOD는 하천의 물과 공장의 배수가 유기물에 의해 얼마나 오염되어 있는가를 나타내는 지표가 된다.

그 한 예로 질화세균(窒化細菌, nitrifying bacteria)을 이용하여 독성물질을 검출하는 바이오센서 기술은, 물 이용이 복잡해지고 공공 수역이 기름이나 유해 화학물질에 오염되기 쉬운 곳의 수질 사고를 항시 감시하기 위해 이용되고 있다. 유해 물질로 호흡 활성 장해를 받기 쉬운 질화세균을 두 장의 다공질 막 사이에 고정하고, 기질과 검수를 혼합한 시료에 노출한 뒤, 그 호흡 활성을 용존산소 전극으로 감시한다. 이때 고정화 막과 용존산소 전극이 바이오센서이다. 유해 물질이 있는 경우 질화세균의 호

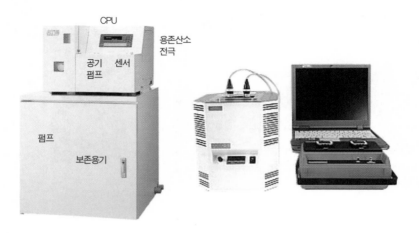

그림5 **수질 안전 모니터의 구성**   그림6 **바이오센서를 활용한 토양 미생물의 활성 조사**

흡 활성이 떨어지므로 이것으로 수질 사고를 검출할 수 있고, 검출 결과
는 전기 신호로 출력되어 경보를 발령하게 된다. 여기서 검출이 가능한
물질은 주로 급성 독성물질이다.

　하천 등에서 이러한 바이오센서를 이용할 경우 수질 안전 모니터 또
는 수질 감시 시스템으로 활용되는데, 하천으로부터 물을 채수하는 장치
와 수중의 이물질을 제거하는 장치, 바이오센서, 기질 용액 탱크, 완충 용
액 탱크, 세정 용액 탱크로 구성된 시스템을 이용하고 있다.

　이렇게 바이오센서의 활용은 하천과 댐 및 저수지 등에서 발생할 수
있는 수질 사고를 조기에 발견, 하류에서 물을 이용하는 사람과 기관에
통보하여 수질 사고 방지와 식수의 안전 확보에 유용하게 이용되고 있다.

　또한 바이오센서는 토양 미생물의 활성을 조사하여 토양에서 발생할
수 있는 질병을 예측하는 데도 이용되고 있다. 이 바이오센서의 기본 원

리는 토양 중의 유익한 균과 해로운 균의 활동 상황을, 각각의 균이 호흡하면서 소비하는 산소의 감소량으로 파악하여, 이를 수치화하고 진단하는 방법이다.

| 면역물질 센서 |　　　항원과 항체 반응을 이용한 센서이다. 항원과 항체의 특이적 복합체 형성 반응으로 생기는, 양자의 안정적 복합체 형성을 여러 방법으로 측정한다. 측정법으로는 크게 트레이서(tracer, 표지제)를 이용하는 방법과, 트레이서가 필요 없는 순수 항원-항체 반응을 이용한 면역 분석 방법이 있다.

트레이서를 이용하는 대표적인 방법은 효소로 표지한 면역 물질을 이용하는 효소 면역 분석법이다. 이것은 항원 또는 항체에 효소를 결합시켜 항원-항체 반응으로 고정한 뒤, 그 항원과 항체의 효소량을 측정하는 방법이다. 효소에 발색성 화학물질을 생성시키는 검출용 항체(효소 표지 항체)를 이용하면 고감도 측정도 가능하다. 트레이서 이용 방법에는 경합반응과 비경합반응이 있으며, 트레이서로는 효소 이외에도 형광분자, 전기화학 발광분자, 자성입자 등이 이용되고 있다.

한편 트레이서를 이용하지 않는 면역 분석 방법은 항원과 항체가 결합할 때의 물성 변화를 직접 측정하는 방법이다. 여기에는 금속의 얇은 막이나 용액을 이용해 굴절률 변화를 측정하는 SPR 공명 측정 방법과, 압전 변환기를 이용해 질량 변화를 측정하는 방법, 그리고 압전소자를 이용해 음향 전달함수의 변화를 측정하는 방법 등이 있다.

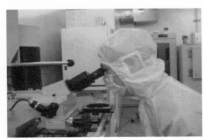

그림7 유전자 센서를 활용한 작업

| 유전자 센서 |　　　　　유전자 센서는 단일 가닥 DNA의 인식 능력을 이용하여 서로 보완적인 DNA 고리를 검출하는 데 이용되는 바이오센서이다. 검출 대상의 발현 유전자를 표지하고, 그것을 DNA칩에 보합결합시켜 고정된 위치를 인식하게 하는 것으로, 시료 중의 검출 대상 유전자의 유무를 신속하게 정할 수 있다. 이 기술은 의료 분야에서 개발되었으나 환경 분야에서도 주목을 받고 있다. 또한 두 가닥 DNA는 돌연변이 및 암을 유발하는 약물이나 항생물질이 특이하게 결합하는 것으로 알려져 있다. 따라서 DNA에 직접 결합하는 변이물질이나 약물을 검출하는 데 유전자센서가 사용되기도 한다.

　　한편 바이오센서는 다양한 센서의 개발과 함께 크기가 작아지고 있는데, 바이오센서를 작게 하면 집적화한 다수의 물질을 한 번에 측정하는

것이나 생체 내에 넣는 것도 가능할 것이다. 이와 같은 마이크로센서를 응용하면 화장실에 설치해 일상의 건강 상태를 체크하고, 간장이나 신장, 소화기 계통의 질환을 조기 발견할 수 있을 것이며, 휴대형 젖산 센서를 이용하여 피로도를 체크하는 것도 가능할 것이다. 최근에는 유전자 본체의 DNA를 이용하여 유해 물질을 고감도로 검출하는 DNA 센서도 개발되었으며, 그것을 집적한 바이오칩에 관한 응용 기술도 기대되고 있다.

| 세포 · 기관 센서 |　　세포 · 기관 센서는 분자 인식 재료로 세포나 세포 내 소기관, 조직 등을 이용한 센서이다. 이것은 다종의 분자 인식 재료의 조직적인 집합체이기 때문에 단일 분자로는 실현할 수 없는 고도의 센서 기능을 나타낸다.

| 그 밖의 생체물질 센서 |　　당류나 펩티드 등 생체물질을 이용한 바이오센서로, 혈당 센서가 이에 속한다.

바이오센서는 어떻게 응용될 수 있을까? 04

바이오센서의 응용이 기대되는 분야는 '먹고' '생활하고' '건강하게 사는' 일과 관련된 의료, 환경, 식품 분야이다. 생물과 화학만이 아니라 전기화학과 전자공학 등 넓은 분야에서 연구의 상호 결합과 융합에 의해, 고성능 · 고기능을 발현하는 바이오센서의 양산화 기술이 세계적으로 활발하게 진행되고 있다. 앞으로 의료와 환경 분야를 중심으로 세계 시장 규모는 수십조에 달할 것으로 예상되며, 그 응용 범위는 더욱 확대될 것으로 기대되고 있다.

바이오센서의 실용화가 가장 빠른 분야는 의료 분야이다. 그중 가장 많이 이용되고 있는 것은 당뇨 환자의 혈당 관리용으로 사용되는 1회용 센서이다.

한편 최근 들어 환경 문제가 중요시되면서 미량 유해 물질 계측을 위해 정밀도가 높은 계측기가 필요하게 되었다. 그러나 환경 계측에는 측정 항목이 많고, 항목 간 다른 계측 방법과 장치를 필요로 하며, 극미량의 측정이 요구되는 등, 복잡한 조작과 막대한 시간 · 비용이 드는 문제가 있다. 이에 바이오센서는 여러 가지 유사 화합물이 공존해도 대규모 분석 장치를 이용하지 않고도 선택적으로 특정 물질만을 검출하는 특징이 있으므로 환경 분야의 응용이 기대되고 있다.

현재는 수질오염 지표인 BOD 측정이 실용화되어 사용되고 있으며, 앞으로는 다이옥신이나 환경호르몬, 중금속, 농약의 검출 등에도 응용될 것으로 기대된다.

식품 분야에서는 소비자의 요구가 다양해지고 식품 안전성 확보를 요구하는 목소리가 높아지면서, 안전하고도 다양한 맛과 물리 특성을 갖는 식품 개발이 요구되고 있다. 특히 안전성 측면에서 잔류 농약 문제, 유전자 변형 식품 문제, O-157균 등 미생물 오염(식중독) 문제 등과 관련하여 오염 유무를 신속하게 측정할 수 있는 바이오센서 기술의 필요성이 높아지고 있다. 그리고 그 실용화 기술도 하나씩 개발되어 제시되고 있다. 앞

으로도 이러한 분야의 바이오기술은 그 수요와 요구가 계속적으로 증가

할 것이다.

21세기의 대안 농업, 친환경 농업

◆ 김정주, 건국대학교 생명자원경제학과

01
친환경 농업은 미래의 대안 농업이다

친환경 농업은 생태 환경의 보전은 물론이고 농산물이나 식품의 안전성과 맛을 보장해줌으로써 소비자의 요구를 충족시켜주는 농업 생산 방식이다. 따라서 요즘과 같은 국제화 · 개방화 추세에서 농업의 다면적 기능을 살리면서 농산물의 안전성과 품질을 보장해 우리나라 농업의 국제 경쟁력을 높이는 수단으로 평가되고 있다. 이러한 영농 형태는 대규모 기업 농보다는 마을 중심의 가족농 구조에 적합하기 때문에 우리나라와 같이 소규모 가족농 중심인 나라에서는 더없이 좋은 방안이 될 수 있다. 그러므로 친환경 농업은 농산물 시장 개방 아래에서도 농업과 농촌의 자생력을 키울 수 있는 21세기의 대안 농업이라 하겠다.

1970~80년대 우리 사회는 경제 제일주의의 가치가 지배했으나, 1990년대부터는 환경 우선주의 가치로 변하면서 개발과 환경의 조화에 정책의 초점을 맞추고 있다. 현재 우리나라의 농업이 지향하고 있는 친환

경 유기농업의 확산도 이와 같은 사회적 가치 변화의 일부로 볼 수 있다.

세계적으로 유기농업을 포함한 친환경 농업은 다음의 세 단계를 거쳐 발전하고 있다.

제1단계는 1924년부터 1970년까지의 유기농업 정착기로서, 유기농업이 민간운동 차원에서 발전하였으나 이념과 기술의 차이로 관행 농업과 갈등을 일으킨 시기이다.

제2단계는 1970년대부터 1980년대 말까지의 확산기로서, 유기농산물의 시장 판매가 확산되면서 대형 유통 매장에서의 판매는 물론 전문 판매점까지 등장한 시기이다.

제3단계는 1990년대 초부터 현재까지 유기농업의 국제화 단계로서, 유기농업에 대한 국제 기준이 마련되고 유기농산물과 가공품의 국제 간 교역이 확대되면서 국가가 직접 지불 방식을 통해 생산 농가를 지원하게 된 시기이다.

우리나라는 1997년에 '환경농업육성법'(법률 제5442호)을 제정하고 1999년부터 농가에 대한 직접 지불을 실시하고 있다. 이러한 제도적 지원에 힘입어 우리나라의 친환경 농업은 급속히 성장하였다.

친환경 농업, 어디까지 왔나

2000년에는 2448개의 농가가 친환경 농업에 참여해 약 3만 5406톤의 농산물을 생산했으나 2004년에는 2만 8835개 농가가 약 46만 735톤을 생

구분		2000	2001	2002	2003	2004
전체	농가 수(호)	2,448(0.18)	4,678(0.34)	11,892(0.93)	23,301(1.88)	28,835(2.33)
	면 적(ha)	2,039(0.11)	4,553(0.24)	11,240(0.61)	22,238(1.21)	29,599(1.61)
	생산량(톤)	35,406(0.19)	87,279(0.45)	200,374(1.17)	365,203(2.21)	460,735(2.79)
유기	농가 수(호)	353(0.03)	442(0.03)	1,505(0.12)	2,748(0.22)	3,327(0.18)
	면 적(ha)	296(0.02)	450(0.02)	1,602(0.09)	3,227(0.26)	5,899(0.32)
	생산량(톤)	6,538(0.04)	10,670(0.05)	21,114(0.12)	33,287(0.20)	36,746(0.22)
무농약	농가 수(호)	1,060(0.08)	1,645(0.12)	4,084(0.32)	7,426(0.60)	9,716(0.78)
	면 적(ha)	876(0.05)	1,293(0.07)	32,274(0.17)	6,756(0.37)	8,527(0.47)
	생산량(톤)	15,694(0.08)	32,274(0.17)	76,828(0.45)	120,358(0.73)	167,033(1.01)
저농약	농가 수(호)	1,035(0.07)	2,591(0.19)	6,303(0.49)	13,127(1.06)	15,892(1.28)
	면 적(ha)	867(0.04)	2,811(0.15)	5,911(0.32)	12,155(0.66)	15,173(0.83)
	생산량(톤)	13,174(0.07)	44,334(0.23)	102,432(0.60)	211,558(1.28)	256,956(1.56)

표1 우리나라 친환경 농산물의 유형별 생산 현황 변화
※괄호 안의 수치는 당해연도 총 농가 수, 면적, 생산량 대비 비율을 나타냄. 2004년의 경우는 2003년도 총 농가 수, 면적, 생산량 대비 비율을 나타냄. [자료 : 국립농산물품질관리원, 2005]

산함으로써, 4년 동안에 농가 수 기준 약 11.7배, 생산량 기준 약 13배라는 괄목할 만한 신장을 보였다. 대상 품목도 2000년대 말까지는 쌀과 채소류에 국한되었으나 현재는 특용작물과 과수로까지 확대되고 있다.

또한 1990년대에는 개별 농가가 주류를 이뤘으나 지금은 충남 홍성 문당리와 같이 마을 중심으로 이루어진 100만 평 이상의 대규모 친환경 농업 단지가 발전하고 있으며, 나아가 지역 농협이 주체가 된 면 단위 친환경 농업 지구(경기 안성 원삼, 용인 고삼 등), 시·군이 주도적으로 추진하는 시·군 단위 친환경 농업 지구(경기 양평, 강원 양구, 전남 함평 등)로 확대되어 지역 농협의 경제 사업이나 지방 자치단체의 정책 과제로까지 발전하고 있다.

우리나라의 친환경 농업은 크게 네 가지 유형으로 나눌 수 있다. 첫째

화학비료와 농약을 관행 농업의 2분의 1 수준 이하로 사용하는 '저농약 농산물' 생산, 둘째 전혀 농약을 투입하지 않은 '무농약 농산물' 생산, 셋째 무농약 농산물에서 유기농산물로 이행해가는 단계의 '전환기 유기농산물' 생산, 넷째 완전히 유기농법에 의하여 생산된 '유기농산물' 생산 등이 그것이다.

판매 측면에서 보면 과거 1990년대에는 도시에 위치한 생협(생활협동조합)이 주체가 되어 생산자와 소비자 직거래 형태의 소량 거래가 대부분이었으나, 이제는 대형 유통업체가 참여한 시장 거래로까지 발전하였다. 나아가 대도시를 중심으로 전문 판매점이 개설되고 있으며, 인터넷을 통한 전자상거래도 일반화되고 있다.

앞으로도 세계의 친환경 농업은 선진국의 주도 아래 급속히 발전할 전망이다. 대부분의 선진국들이 농산물 과잉 생산으로 생산 감축의 압력을 받고 있는 데다가 소비자들은 식품에 대한 안전성을 정부에 강력하게

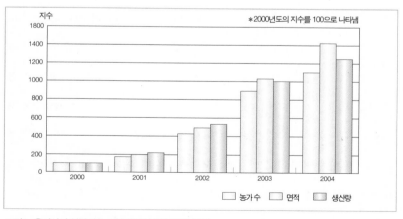

그림1 **우리나라 친환경 농산물의 생산 현황 변화 추이**

요구하고 있기 때문이다. 이러한 과잉 생산 문제와 안전성 문제를 동시에 해결하기 위해 많은 선진국들이 친환경 유기농업을 자국 농업의 발전 방향으로 설정하고 있다.

03 친환경 농업의 **발전과 전망**

대부분의 선진국들도 1990년대 초까지는 유기농업의 비중이 전체 농업의 1퍼센트를 넘지 못했으나, 현재 이탈리아와 오스트리아에서는 10퍼센트를 초과했으며, 쿠바의 경우에는 90퍼센트 수준까지 도달하였다. 또 미국이나 독일 등 일부 선진국에서는 2020년까지 유기농업의 비중을 20~30퍼센트까지 확대하는 정부 계획을 발표한 바 있다. 이러한 목표는 유기농산물에 대한 시장 수요가 해마다 20~30퍼센트씩 신장한다고 보고 있기 때문이다.

우리나라에서도 1998년 이후 친환경 농산물의 판매가 해마다 30~40퍼센트씩 증가하고 있으며, 앞으로도 지금까지와 비슷한 수준으로 성장할 전망이다. 전문 연구기관의 소비자 조사 결과에 의하면, 전체 소비자의 약 70퍼센트가 가격이 다소 비싸더라도 안전성만 보장된다면 친환경 농산물을 구입하겠다는 반응을 보이고 있다. 이러한 반응은 40~50대보다 20~30대 연령층의 소비자들에서 더 높은 비율을 보이고 있어 앞으로의 소비 전망을 밝게 하고 있다. 이들 젊은 소비자 계층은 웰빙과 슬로푸드 문화를 추구하는 신세대들로서, 식품이나 농산물을 살 때 양보다는 품질과 안전성을 중시한다. 또한 햄버거와 같은 패스트푸드보다는 지역에서 생산된 농산물로 조리한 음식을 가정에서 가족들과 함께 먹겠다는 새로운 소비 성향을 보이고 있다.

현재 우리나라에는 30개 이상의 친환경 관련 비정부단체가 활동하고 있고, 또한 이와는 별도로 최근 전국의 80개 지역 농협이 참여해 전국친환경농업협의회를 결성한 바 있다. 이러한 단체들은 생산자와 소비자들을 회원으로 하고 있으며, 교육·홍보 및 친환경 농산물 직거래 판매에 참여하고 있다. 또한 지역 농업 살리기 차원에서 초·중·고등학교의 학교 급식을 그 지역에서 생산된 친환경 농산물로 대체하자는 지방 자치단체 조례 제정 운동을 주도하고 있다.

그런데 친환경 농업의 장래가 그렇게 순탄하지만은 않다. 친환경 농업이 제대로 정착하기 위해서는 몇 가지 해결해야 할 과제가 있다.

첫째로 친환경 농산물에 대한 소비자의 신뢰 구축이 무엇보다 우선되어야 한다. 그런데 신뢰라는 것은 단지 말로만은 안 되고, 친환경 농산물의 생산 과정이 투명하게 소비자들에게 제시되어야 한다. 그러기 위해서는 엄격한 인증기관이 있어서 그 기관이 소비자를 대신해 엄정하게 업무를 처리해야 할 것이다. 현재 친환경 농업 인증기관은 10여 개에 불과한데, 참여 농가를 2만 농가로만 잡아도 이는 터무니없이 부족한 숫자이다.

그렇다고 해서 자격 없는 인증기관을 양산했다가는 더욱 심각한 문제가 대두될 것이므로 참으로 진퇴양난의 입장에 처해 있다.

둘째로 친환경 농산물을 생산하는 농가에 대하여 소득을 보장해주지 않으면 아무리 정부가 나서서 독려한다 해도 공염불이 될 것이고, 그 결과 소비자의 불신은 더욱 커질 것이라는 점이다. 친환경 유기농산물 소비 및 유통 실태를 조사한 한 보고서에 의하면, 41개 친환경 농산물 품목 중 18개 품목이 일반 농산물보다 싸게 팔린 것으로 되어 있다. 이러한 시장 구조 아래에서는 생산자든 유통업자든 둘 중 하나는 손해를 보게 마련이다. 유기농법에 의한 농산물 생산은 일반 농업보다 단위당 생산량이 떨어지는 것이 일반적이므로, 일반 농산물에 비하여 판매 가격이 월등히 높지 않고서는 생산 농가가 손해 볼 가능성이 높다. 미국의 경우 유기농 콩과 일반 콩의 가격 차이는 약 네 배에 이른다.

이러한 과제만 해결된다면 친환경 농업은 우리나라 농업의 돌파구가 될 수 있을 것이다. 국민의 소득 수준이 높아짐에 따라 상품의 가격보다는 품질과 안전성에 보다 큰 관심을 가지는 소비자 행위를 예측할 수 있기 때문이다. 이러한 소비자 행위를 국내 소비자뿐 아니라 인근 중국이나 일본의 고소득층으로 확대 적용하면 친환경 농산물의 수출까지도 고려해 볼 수 있다. 따라서 친환경 농업 육성의 필요성은 더욱 커질 수밖에 없다.

농장에서 식탁까지,
바이오축산의 현재와 미래

◆ 송만강, 충북대학교 축산학과

모든 산업이 그렇듯이 축산업도 어떠한 형태로든 소비자의 욕구를 얼마
나 충족시킬 수 있는가에 그 미래가 달려 있다. 이러한 측면에서 축산물
에 대해서도 인간의 복지를 지향하는 바이오 개념을 접목시키는 것은 매
우 바람직한 방향 설정이며 더 이상 피할 수 없는 추세이기도 하다.

그렇다면 바이오축산이란 어떤 의미를 내포하는 것인가. 굳이 바이오
축산에 대한 정의를 내린다면, 인체의 건강과 복지의 개념이 그 중심이
되며, 이를 위해 청정 및 기능성 축산물 생산에 바이오기술을 접목시키는
기술 집약적이고 웰빙 지향적인 차세대 축산업이라 할 수 있다. 따라서
바이오축산이란 바이오축산물 생산이 최종 목표가 되는 산업을 말하지만,
생산 단계 이후의 가공과 유통 과정에서도 바이오 개념이 포함될 수 있다
면 이 또한 광범위한 측면에서 바이오축산이라 할 수 있겠다.

바이오축산은 친환경적(청정)이고 안전성과 기능성이 가미된 동물성

식품 생산이 그 한 축을 이루게 될 것이며, 차세대의 축산업 기반 조성을 위한 복제와 형질전환, 그리고 사람을 위해 동물(가축)을 '대체장기' 개발의 수단으로 이용하는 생명공학 기법의 응용이 또 다른 한 축을 형성하게 될 것이다. 이와 관련된 내용을 중심으로 국내외의 바이오축산에 관한 실태를 파악하고 미래를 전망해보기로 한다.

02 농장에서 식탁까지, 청정하고 안전한 축산물 생산

현재 국내에서의 축산물 생산은 단순한 단백질 공급원으로서의 역할을 벗어난 지 오래다. 안심하고 먹을 수 있는 축산물에 대한 수요의 급증이 이를 입증해준다. 축산업의 경우 사실상 1990년대에 들어서부터는 생산비 절감과 생산 효율 개선을 통한 경쟁력 향상에서, 생산물의 품질과 안전성 및 기능성 개선을 통한 부가가치의 창출로 방향을 조정하기 시작하였다. 한우의 고급육 생산이 그 한 예이며, 청정 축산물 생산을 위한 시설 개선은 필수적이 되었다. 또한 건강을 해칠 수 있는 특정 물질이 축산물 내에 잔류하는 문제를 해결하기 위해 항생제 등의 사용을 전면 규제하는 대신, 이를 대체할 수 있는 미생물제의 개발이 본격화되기 시작하였다. 아울러 축산물 생산과 가공 등에 '위해요소 중점관리기준'(Hazard Analysis Critical Control Point, HACCP)을 설정하여 축산물의 위생 상태를 법적으로 규제하기 시작하였고, "농장(목장)에서 식탁까지"라는 구호 아래 축산물의 생산 현장에서부터 최종 판매 단계까지의 생산·가공·유

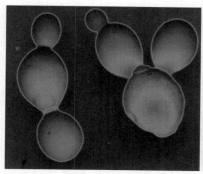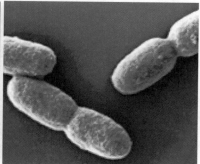

그림1 생균제로 이용되는 효모(왼쪽)와 박테리아

통 과정을 확인할 수 있는 추적 시스템을 도입하고 있다.

그렇다면 안전한 축산물이란 무엇일까? 1990년대 이전까지만 해도 가축 사육 여건이 좋지 못하여, 질병 예방 차원에서 일부 가축의 특정 성장 단계(대부분 어린 가축)에 항생제가 첨가된 사료를 주거나 주사 형태로 접종하기도 하였다. 그와 같이 불량한 환경에서 항생제는 또한 사료 효율을 높여주기도 하는 등의 부차적인 효과도 있었다.

그러나 소비자의 경제력이 향상됨에 따라 축산물 소비가 급증하게 되고, 아울러 축산물 섭취와 관련하여 건강에 대한 인식이 변화되면서 축산물의 안전성 문제가 부각되기 시작하였다. 이에 따라 축산물 내 항생제의 잔류가 엄격히 제한을 받게 되었고, 항생제의 대체 수단으로 미생물제(생균제) 사용이 각광받기 시작하였다.

이들 미생물의 공통적인 작용은, 장내의 이상 발효나 설사, 소화불량을 방지함은 물론 질병의 예방과 치료에 유용한 것으로 알려지고 있다. 또한 장내 세균총의 변화를 유도하여 병원성 대장균을 감소시키는 항생물질을 생성하기도 하며, 각종 독성물질을 합성하여 가축의 성장을 촉진함으로써 사료 효율의 개선 효과를 가져오기도 한다. 뿐만 아니라 비타민 (E) 흡수를 촉진하는 등 소화 · 흡수를 개선하는 효과도 있는 것으로 알려져 있다. 물론 생균제로서의 기능은, 가축의 소화관 내에서 사멸되지 말아야 하며 가축에 대한 안전성을 전제로 한다.

안전한 축산물 생산과 공급을 위한 법적 조치 역시 강화돼왔다. 축산물 생산과 가공 등에 도입된 '위해요소 중점관리기준'(HACCP)이 그것이다. HACCP란 대장균 등의 위해 분석과 최종 세척 및 냉장 등에 관한 중점 관리점을 말한다. 위해요소는 병원성 미생물이나 위해 기생충, 합성 항균제 등의 '생물학적인 위해'와, 농약이나 내분비계 교란 물질 및 중금속 등의 '화학적 위해', 그리고 금속이나 유리 등 이물질이 주 대상이 되는 '물리적 위해'로 구분된다. HACCP의 도입은 1997년 말경 축산물가공처리법에 근거하여 규정을 신설하였으며, 이어서 축산물 작업장의 위생관

구분		종류
생물학적 위해	병원성 미생물	병원성 대장균, 살모넬라, 리스테리아 등
	인수(人獸) 공통 전염병	결핵, 탄저, 브루셀라 등
	위해 기생충	작은와포자충, 선모충 등
	곰팡이	아스페르길루스, 페니실리움 등
	항생물질	페니실린, 클로로테트라시클린 등
	합성 항균제	설파메라제, 니카바진, 암프롤리움 등
	호르몬제	제라놀, DES 등
화학적 위해	농약	알드린, 델타메스린, 카바릴 등
	내분비계 교란 물질	다이옥신 등
	중금속, 방사능 등	아질산이온, 산화방지제, 타르색소 등
물리적 위해	이물질 등	금속, 유리, 주사바늘 등

표1 **위해요소의 종류**

리기준(SSOP)을 도입하게 되었다.

다음 해인 1998년 8월에는 도축장에 대하여 연차적인 의무 적용 조치를 취했으며, 가공장에 대해서는 희망 업체별로 자율 적용토록 하였다. 그 후 2000년 1월에 도축장 51개소에 대하여 HACCP 의무 적용을 실시하였으며, 그해 7월에는 HACCP 인증 업체로 도축장 16개소, 가공장 4개소, 그리고 유가공장 26개소를 지정하게 되었다.

이와 같은 조치는 안전성을 높임으로써 소비자의 국내 축산물에 대한 신뢰도를 높이는 데 결정적인 기여를 하고 있는 것인 만큼 인증 업체의 수가 확대될 것으로 예상되며, HACCP에 미달할 경우 이에 따른 규제 역시 강화될 전망이다.

HACCP의 경우 대부분 도축장이나 가공장과 같은 축산물 작업장을 대상으로 위생 관리 기준을 설정하였으나, 근래 들어 안전성에 유통의 신뢰성이 가미된 '생산이력제'(traceability)가 도입되고 있는 추세다. "농장에서 식탁까지(From farm to the table)"의 개념, 즉 축산물의 생산 현장

연도	도입 과정
1997. 12.	축산물가공처리법에 HACCP 근거 규정 신설
	축산물 작업장 HACCP 도입
	축산물 작업장 위생관리기준(SSOP) 도입
1998. 8.	축산물 HACCP 도입
	도축장에 HACCP 연차적 의무 적용
	가공장에 희망 업체별 자율 적용
2000. 1.	HACCP 의무 적용 대상 도축장 지정(51개소)
2000. 7.	HACCP 인증 업체 : 도축장 16개소, 가공장 4개소, 유가공장 26개소

표2 위해요소 중점관리기준(HACCP) 도입 경과

에서 소비자의 최종 이용 단계까지 생산, 가공 및 유통 과정을 확인할 수
있는 시스템을 말한다. 이러한 시스템이 확립될 경우 안전성과 유통 과정
측면에서 축산물에 대한 소비자의 신뢰도가 더욱 높아질 것으로 기대된다.

03

맞춤 생산 시대, 기능성 축산물 생산

앞에서 지적한 바와 같이 1990년대 중반부터는 부가가치를 창출하는 한
방법으로서 기능성이 가미된 축산물을 생산하기 위한 시도가 끊임없이
이루어졌다. 기능성이 강조되는 경우는 대부분 축산물에 인체의 건강과
직결되는 특정 성분이 포함될 수 있도록 가축을 사육하는 것이라 할 수
있다.

이는 주로 가축 사료에 특수 물질을 첨가하여, 자연적인 조건하에서
인체에 이로운 물질이 포함된 축산물 생산을 유도하는 것이다. 대표적인
경우가 오메가-3 지방산 축산물이다. 대표적인 오메가-3 지방산으로
리놀렌산과 EPA(eicosapentaenoic acid), 그리고 DHA(docosahexaenoic
acid)가 있다. EPA와 DHA를 중심으로 한 이들 지방산은 뇌와 눈의 발달,
혈액 점도의 감소, 혈액의 중성지방 및 콜레스테롤 감소와 HDL 콜레스테
롤(고밀도 콜레스테롤) 증가, 그리고 순환기 질병 예방 등의 기능을 가지고
있는 것으로 알려져 있다. DHA는 고등어나 참치 및 꽁치 등에 다량 포함
되어 있는 것으로서 국내에서도 이미 '오메가-란'이나 '오메가 돈육' 또
는 'DHA 우유' 등의 형태로 상품화되기도 하였다.

구분	한우	돼지고기	닭고기	달걀	기타	계
등록	138	151	37	80	22	428
미등록	39	91	15	101	26	272
계	177	242	52	181	48	700

표3 **국내 주요 축산물 브랜드 수(농림부, 2003. 6.)**

오메가-3 지방산의 다음 세대로 관심을 끄는 것이 역시 불포화지방산의 일종인 CLA(conjugated linoleic acid, 공액리놀레산)가 함유된 축산물 생산이다. CLA의 경우 현재 전 세계에 걸쳐 매우 폭넓은 연구가 수행되고 있는데, CLA는 특히 반추동물의 반추위에 서식하고 있는 미생물에 의해 리놀레산 및 리놀렌산이 포화지방산으로 변형되는 과정에서 생성되는 것으로 알려져 있는 만큼, 자연적으로 생성되는 CLA의 대부분이 반추동물과 관련된 제품이라 할 수 있다. 주로 육류나 우유, 치즈 등에 많이 함유되어 있는 CLA는 암 발생 억제 작용과 동맥경화증을 감소시키는 효과, 그리고 당뇨병 치료 등에 유리하게 작용하는 효과가 있는 것으로 알려짐에 따라 많은 연구자의 관심을 끌어왔다.

이 밖에도 육질이나 육색 개선 등 기능을 향상시킬 목적으로 비타민(A, E 및 C)과 셀레늄(Se) 등을 사료에 첨가, 이용하고 있다.

축산물의 청정 및 기능성이 강조됨에 따라 이를 이용한 축산물의 브랜드화가 1990년대 중반부터 크게 확산되기 시작하였다. 정부(농림부) 자료에 의하면 등록된 축산물 브랜드가 1999년의 194개에서 2003년 6월에는 총 428개가 될 정도로 빠르게 증가하는 추세다. 등록·미등록 브랜드를 모두 합하여 돼지고기가 242개로 가장 많았으며, 다음으로는 달걀(181

개), 한우(177개) 및 닭고기(52개)의 순이었다.

정부는 2013년까지 축산 구조를 우수 브랜드 경영체 중심으로 개편할 계획이라 한다. 우유와 닭고기의 경우 사실상 브랜드화가 정착된 것으로 간주하여 내실화에 중점을 두지만, 한우 브랜드는 2003년 현재 한우의 17.4퍼센트만이 브랜드에 참여하고 있는 것을 10년 후(2013년)에는 50퍼센트로 점유율을 높일 예정이며, 돼지고기의 경우 41.4퍼센트에서 70퍼센트 수준으로 높일 계획이다. 이를 위하여 브랜드 참여 경영체에 축산 관련 각종 정책자금을 우선적으로 집중 배정하고, 우수 브랜드에 대한 홍보 지원 강화로 브랜드 활성화 여건을 조성할 계획이다. 아울러 브랜드에 대한 신뢰도 제고를 위해 제도적 기반을 정비할 계획이라 하였다.

여기에서 잠시 한우 브랜드 특징을 통해 브랜드화를 위한 기본적인 조건을 검토해보기로 한다. 총 177개에 달하는 한우 브랜드의 경우 대부분 우수한 육질과 청정, 기능성, 그리고 품질의 균일성을 강조하고 있다. 그러나 기능성의 경우 사실상 검증이 매우 어려운 상태이며, 품질의 균일성 역시 큰 걸림돌로 남아 있다. 정부에서 '우수 축산물 브랜드전'을 실시하고 있는바, 가장 중요한 요건으로 품질의 균일성과 위생 및 안전성 제고, 그리고 규모화를 들고 있다.

이러한 기본적인 요건을 충족시키기 위해서는 무엇보다도 혈통 관리를 통한 계획적인 생산 체계가 구축되어야 하고, 동일한 사료 및 동일한 사양 관리가 이루어져야 한다. 또한 동물용 의약품의 안전한 사용 및 규제가 필요하며, 방역과 친환경적인 체계가 구축되어야 할 것이다. 아울러 4~5천 마리 이상의 한우를 경영하는 일정 규모 이상의 농가를 조직화함으로써 규모화를 꾀해야 하며, 유통업체와 안정적인 판매망을 구축해야 할 것이다.

국내의 유명 한우 브랜드인 '안성맞춤한우'의 경우, 비육에 필요한 송아지의 혈통 관리에서부터 한우고기 생산 및 도축, 가공 과정을 거쳐 소비자에 이르기까지 전 과정을 체계적으로 관리하고 있다. '안성맞춤한우'는 이러한 전 과정이 진행되는 동안 이표(귀에 붙이는 표식)와 개체 식별 번호가 항상 첨부되고 한우 개체별로 육질 특성(등급 등)까지 전산 관리됨에 따라, 소비자들이 믿고 먹을 수 있도록 일종의 생산이력제와 같은 시스템을 구축하고 있다. 따라서 머지않아 다른 브랜드에도 이러한 시스템이 도입될 것으로 전망된다.

앞에서 지적한 바와 같이 안전성과 기능성이 가미된 동물성 식품 생산이 바이오축산의 한 축이라면, 복제와 형질전환, 그리고 사람을 위해 동물(가축)을 대체장기 개발의 수단으로 이용하는 생명공학 기법의 응용이 바이오축산의 또 다른 한 축이 될 수 있을 것이다. 생명공학이란 생명체를 조작하여 인류의 복지를 증진케 하는 모든 연구 및 산업 영역이며, 좁은 의미로는 유전자를 이용한 생물 산업이라 할 수 있는데, 이러한 영역에 해당되는 대표적인 것이 의약 분야와 농업 분야이다. 의약과 농업에 있어 생명공학의 적용 범위는 식품 생산에서부터 사람의 건강한 삶에 이르기까지 무한하며, 모든 생명체를 대상으로 연구하고 그 결과를 산업화할 수 있다.

잠시 바이오산업의 전망에 대하여 알아보기로 하자. 바이오산업과 관련된 시장 규모는 2003년의 555억 달러에서 2007년에는 819억 달러, 그리고 2012년에는 1331억 달러로 크게 증가할 전망이다. 이중에서 난치병 치료 및 수명 연장 등과 관련된 바이오의약 부분이 60퍼센트 이상을 차지하게 될 전망이며, 생물화학, 환경, 식품, 생물농업 및 생물공정 등의 분야에서도 활발한 연구가 수행될 것으로 예상된다. 국내의 경우 청정 및 기능성, 그리고 환경 친화적 기술에 기반을 두는 바이오농업에 생명공학 기술이 도입되어, 기술 집약적 산업으로 빠르게 발전할 것이 예상된다.

표4는 국내의 바이오농업을 비롯한 바이오산업 분야에 대한 투자 및 고용 인력에 관한 전망 자료이다. 산업연구원 자료(1998)에 의하면 이 분야에 대한 1998년 투자액과 고용 인력이 각각 2246억 원과 3300명이었고, 2003년의 경우 꾸준히 증가하여 각각 4200여억 원 및 9000여 명이며, 그러한 증가치는 2004년부터 2008년 동안 더욱 빨라져 그 추세가 2013년까지도 지속될 것으로 예측하였다. 이러한 전망에서 알 수 있듯이 국내의 미래 농업은 바이오산업형으로 전환될 것이 분명하다.

	1998	1999	2000	2001	2002	2003	2004 ~2008	2009 ~2013
투자	2,246	2,549	2,892	3,281	3,723	4,224	28,896	45,877
고용 인력	3,300	3,822	4,730	5,851	7,229	8,938	66,287	97,471

표4 **바이오산업 분야 투자 및 고용 인력 전망**(단위 : 억 원, 명)
[산업연구원(KIET) 바이오산업분과위원회 내부 자료, 1998. ※ 2004~2008년, 2009~2013년 기간의 경우 해당 연도별 고용 인원 누계임.]

식품 이외의 기능으로서 바이오축산은 복제와 형질전환, 그리고 인체용 대체장기 개발(장기 복제 및 이식) 등에 중점을 두어왔다. 이 밖에도 지능형 약물 전달 시스템과 바이오칩 개발, 면역 기능 제어 기술 개발, 각종 유전자 활용(치료)과 신약 개발, 그리고 유용 단백질 소재 및 뇌질환 치료 등을 위한 연구와도 직접·간접으로 밀접하게 관련되어 있다.

동물(가축) 생산에 있어 가축의 우수한 형질을 선발, 유지하고 이를 대량으로 생산하기 위한 수정란 이식 기법이 이미 보편화되고 있으며, 동물 복제 기법에 관련된 연구의 경우 사실상 완성 단계에 있다. 그림2는 세계 최초로 복제 기법에 성공한 어미 양 '돌리'와 태어난 새끼 양이고, 그림3은 동일한 방법에 의해 태어난 어린 돼지들이다.

형질전환은 특정 동물(또는 미생물)에서 유용한 유전자를 취하여 다른 동물에 주입하는 기법을 적용함으로써 궁극적으로 유용 물질을 대량 생산토록 하는 방법이다. 한 예로서 장내 세균 번식을 억제하는 것으로 모유에 많이 포함되어 있는 락토페린 유전자를 들 수 있다.

이 유전자를 사람으로부터 취하여 젖소의 수정란에 주입한 후 체외에

그림2 복제 기법이 세계 최초로 성공한 어미 면양 돌리와 새끼 면양   그림3 복제 기법에 의해 태어난 어린 돼지들

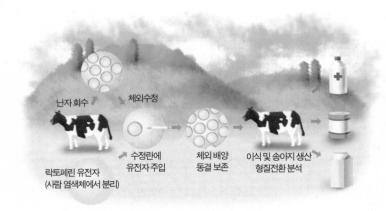

난자 회수   체외수정

락토페린 유전자
(사람 염색체에서 분리)

수정란에
유전자 주입

체외 배양
동결 보존

이식 및 송아지 생산
형질전환 분석

그림4 **락토페린 유전자를 함유한 우유 생산**

서 배양한 다음 젖소에 이식한다. 그 후 태어난 송아지는 사람의 락토페린 유전자를 가지고 있으므로 우유를 통하여 대량의 락토페린을 생산할 수 있게 된다. 그러나 형질전환 기법의 경우 GMO로 인식되어 실용화되는 데 다소 논란의 여지가 있는 것도 사실이다.

동물(가축)을 이용한 사람의 이종(異種)장기(대체장기) 개발을 위한 연구도 활발히 진행되고 있다. 한 조사에 의하면 미국 내 장기이식 대기자가 2002년 8만 명 이상이며, 이종장기의 시장 규모는 2010년에 600억 달러가 될 것으로 추산하고 있다. 현재 신장이나 심장 등 체내 기관의 이상으로 정상적인 생활을 할 수 없는 사람이 많아, 이들 기관의 이식을 위한 공급이 수요에 크게 미달되는 상황이다. 따라서 이러한 수요를 충족시킬 수 있는 가장 확실한 방법의 하나가 이종장기의 개발이라 할 수 있다.

그러한 장기의 개발에 가장 적합한 동물로 (미니)돼지를 들 수 있다. 돼지는 사람과 생리학적 구조가 비슷하고, 오랫동안 인류와 공존해왔으

그림5 **돼지를 이용한 대체장기의 개발**

며, 임신 기간이 114일로 비교적 짧고, 간·심장·신장 등 장기의 구조
역시 비슷하다. 따라서 국내의 우수한 동물 복제 기술로 미루어보아 무균
사육과 대량 생산이 가능할 경우 머지않아 이종장기의 실용화가 이루어
질 수 있을 것으로 기대된다.

이 밖에도 비록 가축에 직접 적용하지는 않지만, 가축(동물)을 대상으
로 하는 바이오축산 연구가 다양하게 수행되고 있다. 예를 들면 지능형
약물 전달 기술이나 바이오칩의 개발, 그리고 면역 기능 제어에 관련된
기술 등이 있다.

이와 같이 바이오축산의 범위는 단순한 청정 및 기능성 식품의 생산
에 국한되지 않고 생명공학 기법의 개발에 따른 실용화 및 산업화에 연결
될 수 있음을 알 수 있다. 이러한 모든 기술 개발이 궁극적으로 인류의 복
지를 겨냥하고 있다는 점에서 바이오축산은 축산업의 새로운 전기를 맞

게 할 것으로 기대된다.

단순히 동물성 식품의 생산으로만 인식돼왔던 기존의 축산에서 새로운 형태의 축산으로의 전환이 요구되는 시점에서 간략하게나마 바이오축산에 대하여 고찰해보았다. 바이오축산은 궁극적으로 인간의 복지를 겨냥하는 것으로서, 식품의 청정과 안전성, 동물과 인체 내에서의 기능성이 일차적인 목표로 설정되어 추진되어왔다. 그러나 여기에 그치지 않고 우수한 형질의 선발, 대량 생산을 통한 번식 간격의 축소, 동물을 이용한 특정 유전자의 인위적인 발현, 그리고 인체에 필요한 장기의 개발 등을 다음 목표로 설정하고 이를 추진해왔다. 이 모두가 '잘 먹고 잘 사는' 웰빙의 구현에 최종 목표를 두고 있는데, 이를 계기로 축산물의 부가가치를 높일 수 있을 뿐만 아니라 산업화를 통한 고용 인력의 창출 효과도 기대할 수 있으리라 여겨진다.

바이오매스와 바이오퇴비

◆ 오인환, 건국대학교 생명자원환경과학부

농업에서 발생하는 바이오매스에는 식물체와 남은 잔재, 쓰레기, 가축 배설물 등이 해당된다. 그중에서도 여기에서는 가축 배설물을 위주로 살펴보고자 한다. 이는 환경오염 문제뿐만 아니라 자원의 순환 이용 차원에서도 그 의미가 크다 할 것이다.

퇴비화가 일어나는 동안 미생물은 유기물을 먹이로 이용하며 산소를 소비한다. 그러므로 퇴비화가 진행되는 동안에 열이 많이 발생하고 다량의 이산화탄소(CO_2)가 생기며 수증기는 대기로 방출된다. 이산화탄소와 증발된 물은 전체 물질 무게의 거의 절반에 해당된다.

호기성(好氣性) 미생물은 배설물에도 존재하고 있기 때문에 퇴비화 과정에서 특별히 호기성 미생물을 따로 접종할 필요는 없다. 다만 그러한 호기성 미생물이 활동할 수 있는 조건을 갖추어주기만 하면 된다. 호기성 미생물이 활동할 수 있는 조건으로는 미생물의 영양원, 온도, 수분, 공기,

탄소와 질소의 비율(탄질비, C/N비) 등을 들 수 있다.

가축 배설물에는 미처 소화·흡수되지 않은 사료 중의 유기물 등 호기성 미생물이 필요로 하는 영양원을 충분히 포함하고 있기 때문에 미생물의 영양원에 따로 유의할 필요는 없다. 배설물을 퇴비화 처리하면 처음 1~2주 동안에는 분해가 쉽게 되는 유기물이 분해되면서 열이 많이 발생한다. 유기물이 분해될 때 나오는 열량은 가축의 종류에 따라 다소 차이는 있으나 대체로 가축 배설물의 건물(수분을 제외한 고형물) 1킬로그램당 4~5천 킬로칼로리(kcal)이다.

퇴비 더미의 온도가 상승하면 중온성 미생물이 존재하기는 하지만 호열성(好熱性) 미생물이 우세하게 나타나게 된다. 온도가 섭씨 70도 이상으로 높아지면 생물체 대부분은 사멸하게 되며, 세균이나 방선균의 일부가 형성한 열에 강한 포자만이 남게 된다. 그러다 더미의 온도가 다시 내려가기 시작하면 포자 형성 미생물이나 호열성 생물군이 나타나게 되며, 곧이어 중온성 생물군이 나타나게 된다. 결국 더미의 온도는 일반 토양 미생물, 원생동물, 지렁이, 진드기, 곤충, 그리고 미생물이나 유기물질을 먹이로 하는 기타 생물체가 성장하기에 충분한 온도로 낮아진다.

유기물의 분해율은 가축 배설물의 종류, 깔짚 등 혼입 자재의 양, 처리 방법에 따라 차이가 있으나, 완료된 퇴비에서 유기물의 양은 퇴비화 전의 50~80퍼센트 수준이다. 나머지 20~50퍼센트의 유기물은 분해되어 수분, 탄산가스, 암모니아, 초산 등으로 되기도 하고 중간 분해산물 및 분해에 관여하는 균체나 그 대상물이 되기도 한다. 즉 복잡한 물질에서 중간 물질로, 그리고 최종적으로 보다 더 간단한 화합물로 바뀐다.

그림1 **퇴비화의 분해 과정**

　이러한 물질들은 미생물의 작용 및 단순 화학적 작용에 의하여 분해
되어 흑갈색의 고분자 화합물인 이른바 '부식물질'(humus)로 변한다. 따
라서 포장에 사용할 때의 퇴비에는 아직도 상당량의 유기물이 많이 남아
있는데, 이 유기물이 비료로 이용되어 작물의 생육을 도우면서 한편으로
는 토양 구조를 팽창시키고 부드럽게 함으로써 토양이 개량되는 것이다.
부피 감소의 일부는 공간 부피가 큰 물질이 조밀한 조성의 퇴비로 바뀌면
서 일어난다.

　퇴비화는 많은 유기물질이 섞인 혼합물 내의 산성도(pH)에 다소 민감
하다. 그것은 pH에 따라 다양한 미생물이 존재하기 때문이다. 적정 pH
는 6.5~8이지만 자연적인 완충 능력으로 인하여 조금 더 넓은 범위의

pH에서도 퇴비화가 일어난다. 대개 퇴비화는 pH 범위 5.5~9에서 효과적으로 일어난다. 그러나 pH 5.5나 pH 9에서의 퇴비화는 중성에 가까운 pH에서보다는 비효과적이다(pH 7이 중성이며, pH가 7보다 작을 때는 산성, 7보다 클 때는 알칼리성이다). 퇴비화 초기 단계에서는 유기산이 생겨 일시적으로 pH가 낮아지나, 나중에는 질소화합물에서 암모니아가 생성되어 pH가 높아지게 된다. 그리고 원료 물질의 초기 pH에 상관없이 퇴비화의 최종 산물은 중성에 가까운 pH 값을 나타내게 된다.

숙성 과정에서는 분해가 어려운 화합물, 유기산, 커다란 입자들, 그리고 활발한 퇴비화 이후 남아 있는 물질의 덩어리들의 호기적(好氣的) 분해가 촉진된다. 그 결과 pH는 중성에 가깝게 되며, C/N비는 낮아지고, 교환 능력이 증가하며, 부식토(humus) 농도가 증가한다. 이 기간에 일어나는 변화는 낮은 온도에서 일어나거나, 잘 분해된 유기물질과 함께 일어난다.

강제 통기(通氣)를 한 다음 더미의 온도가 점차적으로 낮아져 중온(예컨대 섭씨 40도)에 가까워질 때 안정화는 시작된다. 더미가 혐기(嫌氣) 상태이거나 매우 건조한 상태가 아니라면 더미의 온도가 주변의 온도와 비슷해질 때 안정화는 끝나게 된다. 일반적으로 안정화 기간은 1개월로 하고 있다. 그러나 활발한 퇴비화가 완전히 일어나지 않았다면 숙성 기간을 길게 해주어야 한다.

일부 기계적으로 조절이 잘 되는 시스템에서는 퇴비를 만드는 데 1주일이 채 소요되지 않는다고 하지만, 보통은 퇴비를 사용하기 전 4~8주의 안정화 기간이 필요하다. 이 과정에서 부식토의 양은 증가하고, C/N비는 낮아지며, pH는 중성에 가까워지고, 물질의 교환 능력은 증가한다.

| 온도 |　　　가축 배설물을 퇴비화시키는 미생물은 저온보다는 섭씨 30도 이상의 조건에서 활발하게 증식하여 유기물을 급속하게 분해한다. 이러한 미생물의 활동에 따라 열이 발생하게 되는데, 그 열 때문에 고온이 되면서 미생물의 활동은 더욱 촉진된다. 따라서 일반적으로는 퇴비화를 위해 외부로부터 열을 가할 필요는 없다. 온도의 상승으로, 증식하는 미생물의 종류가 많아지고 숫자도 늘어나는 것이다. 조건이 좋으면 온도가 섭씨 70도까지 이르는데, 이러한 높은 온도는 퇴비화 물질 내의 병원균이나 잡초 씨, 파리 유충의 대부분을 파괴한다. 인체의 병원균은 섭씨 55도에서 사멸되게 되어 있으며, 이 온도에서는 또한 대부분의 식물성 병원균을 사멸시킬 수 있다.

뒤집기와 통기를 해주면 열이 방출되기 때문에 적정 온도를 유지할 수 있다. 그러나 날씨가 춥거나 퇴비 더미가 적을 경우에는 열의 손실이 크다. 또한 퇴비화 과정에서 시간이 지나면서 퇴적물 내부의 공기가 부족해지거나 쉽게 분해되는 유기물이 부족해지므로 온도는 차차 떨어진다.

온도 상승의 속도는 계절에 따라 다르다. 추울 때에는 열 손실이 많아 온도 상승이 더디기는 하지만 2~3일이 지나면 섭씨 50~70도가 되면서 퇴적물의 발효가 진행된다. 물론 그만큼 퇴비화에 소요되는 기간은 길어

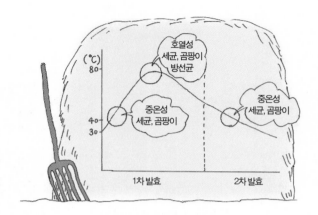

그림2 **퇴비화에서 온도의 변화**

진다.

가축 배설물의 퇴적 중에 발생하는 열은 미생물의 증식을 왕성하게 하는 환경을 만들어줄 뿐만 아니라 퇴적물 중의 수분을 증발시키는 데 큰 역할을 한다. 그래서 질척질척하여 다루기가 혐오스러운 가축 배설물의 물리적 성질을 개선하여 다루기 좋게 해주기도 한다. 퇴적물 중의 수분 1킬로그램을 증발시키는 데는 약 900킬로칼로리의 열이 필요한 것으로 알려지고 있다.

| 수분과 공기 |　　　　　퇴비화에 적당한 수분 함량은 60~70퍼센트이다. 미생물은 대체로 수분이 40퍼센트 이하가 되면 그 증식 활동이 억제된다. 반면 수분 함량이 높아도 공기가 통하지 않으면 퇴비 발효에 필요한 호기성 미생물은 활동을 할 수가 없다. 따라서 가축 배설물을 퇴비화할 때 볏 짚류 등 수분 조절재를 넣으면 공기가 잘 통하고 수분도 조절되어 퇴비화

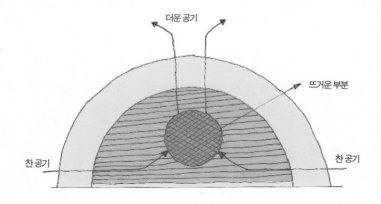

더운 공기

뜨거운 부분

찬 공기

찬 공기

그림3 **퇴비 더미에서 자연적 공기의 흐름**

에 좋은 조건이 된다. 그래서 보통 퇴비 더미에 볏짚, 왕겨, 톱밥 등을 섞어준다. 통기를 좋게 하기 위해서는 퇴비 재료 중의 공극률(공기가 차지하는 비율)이 30퍼센트 이상일 것이 요구된다.

가축 배설물에 혼합되는 볏짚 틈새의 공기나 뒤집어줄 때 생기는 틈새의 공기로도 발효는 진행된다. 그런데 퇴비화에 필요한 공기는 발효에만 필요한 것이 아니라 발효열로 증발하는 수분을 대기 중으로 방출하여 수분 함량을 낮게 하는 데에도 필요한 것이다. 그러나 통기를 위한 뒤집기가 너무 지나쳐도 발효열이 공기와 함께 발산되어 퇴적물 내부에 열 축적이 안 되고 결과적으로 미생물의 활동이 불량해지는 환경이 되기 때문에 적정한 간격으로 뒤집기를 해주어야 한다.

퇴비 더미의 공극 내에는 최소한 5퍼센트의 산소 농도가 필요하다. 충분한 산소를 공급하는 것은 호기성 미생물과 경쟁적인 관계에 있는 혐기성(嫌氣性) 미생물에 비해 이로움을 주기 때문에, 호기적 조건을 유지하

는 것이 혐기적 분해에 관련되어 발생하는 악취를 피할 수 있는 방법이
되는 것이다.

| C/N비 | 　유기물의 분해에 직접 관여하는 것은 미생물인데, 미생
물이 증식하기 위해서는 탄소(C)를 에너지원으로 이용함과 아울러 세포
를 형성해나가는 데 질소(N)를 필요로 하게 된다. 따라서 미생물의 왕성
한 증식 환경을 만들어주기 위해서는 탄소와 질소의 적정 비율(C/N) 유
지가 중요하다. 퇴비화가 진행될수록 퇴적물 중 미생물에 의하여 이용된
탄소는 탄산가스(CO_2)가 되어 대기 중으로 방출되고, 이용된 질소는 균체
단백질이 되어 미생물이 사멸되어도 퇴적물 중에 그대로 남기 때문에
C/N비는 낮아지는 경향을 보인다.

　가축 배설물 중의 C/N비는 섬유질 함량이 높은 소는 20~30 수준, 닭
은 9~10, 돼지는 10~13이고, 토양의 C/N비는 10~15 정도이다. 20 이
하의 C/N비에서는 이용 가능한 탄소는 모든 질소를 안정화시킬 필요 없
이 완전히 이용된다. 남는 질소 성분은 암모니아 형태나 아산화질소 형태
로 대기 중에 방출되면서 냄새가 문제가 되기도 한다. 40 이상의 C/N비
를 가지는 혼합물질에서는 과다 탄소를 이용하는 미생물 때문에 퇴비화
시간이 더 많이 필요하다. 퇴비화에 이상적인 C/N비는 25이다.

　가축 배설물의 발효를 촉진시키기 위해 특별히 C/N비를 조정할 필요
는 없으나, 톱밥, 왕겨 등을 첨가하는 것은 수분 조절과 더불어 통기성을
좋게 함으로써 호기성 미생물에 산소를 충분히 공급하는 역할을 하게 한
다는 데 그 중요성이 있다.

| 적절한 탄질비를 유지한다 | 퇴비화 처리는 미생물의 작용에 의한 것이므로, 예컨대 퇴비화에 필요한 최적 조건을 인위적으로 제공한다 하더라도 최소한의 필요한 기간을 확보하지 않으면 안 된다. 충분히 썩지 않은 퇴비, 즉 탄질비가 높은 퇴비를 사용하면, 미생물의 활동과 증식에 필요한 영양원이자 농작물 생육에 없어서는 안 되는 질소를 놓고 농작물과 토양 미생물 사이에 쟁탈전이 벌어지게 된다.

그 결과 농작물은 질소 부족을 일으켜 생육이 불량하게 된다. 예를 들어 미생물에 의해 이용된 질소가 뒤늦게 방출되어 농작물에 이용된다고 하더라도 생육이 늦어지는 것은 피할 수 없다. 경우에 따라서는 질소 등이 늦게 효력을 나타내어 열매가 열리지 않는다든지 지나치게 생육하여 쓰러지는 등의 원인으로 작용하는 일도 일어난다. 그러나 퇴비의 적절한 탄질비는 작물의 생육에 도움이 된다.

| 가스 피해를 줄인다 | 유기물에는 미생물의 활동과 증식에 필요한 영양원(질소)과 에너지원(탄소)이 풍부할 뿐만 아니라 그것이 이용되기 쉬운 형태로 함유되어 있다. 이와 같은 유기물을 그대로 토양에 사용하면 토양 중에서 급격히 분해되어 다량의 탄산가스 외에도 산소 부족 상태에서 발생하는 환원성 가스나 암모니아 가스 등이 발생한다. 그 결과 농작물은 일종의 호흡장애를 일으켜 양분과 수분의 흡수가 억제되므로 생육이 불량하게 된다. 퇴비화로 안정된 물질은 이러한 폐단을 없앤다.

| 취급하기 쉽고 혐오감을 없앤다 |　　　가축 배설물을 그대로 사용하는 것은 노력이 많이 드는 것은 물론 불쾌감을 수반하기 때문에 농지 환원을 더욱 어렵게 한다. 이러한 어려운 문제를 해결하는 방법으로서 퇴비화 처리는 유효한 수단이라고 할 수 있다.

| 유해 생물과 잡초 종자를 사멸한다 |　　　퇴비화 처리는 호기성 미생물에 의한 유기물의 산화 분해가 기본이 된다. 따라서 퇴비화 기간 중 특히 초기에는 섭씨 60~80도 이상의 고온이 된다. 이 온도는 자연계에 서식하는 동식물들에게는 매우 높은 온도이며, 이와 같은 온도 조건에서는 특별한 생물을 제외하고는 살 수가 없다. 또한 도시 쓰레기로부터 퇴비를 생산할 때 대장균 역시 이러한 퇴비화 처리 과정에서 거의 사멸한다. 대장균을 조사하는 것은 대장균이 인체에 나쁜 영향을 미치는 병원균과 깊은 관련이 있기 때문이다.

| 식물에 양분을 공급한다 |　　　퇴비에는 식물이나 토양 미생물이 필요로 하는 무기영양분이 균형 있는 상태로, 더구나 적당한 농도로 함유되어 있다. 또한 유기물이나 균체 중에 함유되어 있는 무기성분이 서서히 토양 중에 방출되어 식물이나 미생물의 양분으로 이용된다.

| 토양의 물리성을 개선한다 |　　　오랜 세월 속에서 얻어진 토양 미생물의 환경 적응성과 적극적인 환경 만들기 능력은 참으로 놀랄 만한 것이다. 그 한 예가 토양을 떼알(암석 또는 토양에서 알갱이들이 모여 있는 덩어리)

구조로 만드는 능력이다. 아주 작은 토양의 입자를 모아서 떼알을 만들고 그 가운데 물을 저장하며, 떼알과 떼알 간의 큰 공간에는 충분한 공기를 저장하게 한다. 물론 이러한 토양 구조는 농작물의 뿌리에 있어서도 꼭 필요한 환경 조건인 것은 말할 필요도 없다. 인위적으로라도 여기에 가까운 환경을 만들지 않으면 농작물로부터 만족할 만한 수확을 얻을 수 없으니, 퇴비와 같은 유기물의 필요성도 이 같은 이유 때문이다.

해충과의 전쟁 1_ 구분이 안 되면 되게 하라!

◆ 조수원, 충북대학교 식물의학과

해충을 없애는 가장 좋은 방법은?

해충을 없애는 가장 좋은 방법이 뭐냐고 묻는다면 아마도 대부분 "살충제 농약을 치면 되겠지"라고 말할 것이다. 또는 평소 환경에 어느 정도 관심을 가지고 있었다면, 농약보다는 해충의 천적을 이용하는 것이 낫지 않을까 하는 생각을 할 것이다.

맞는 말이다. 농약을 사용하는 것보다야 곤충이나 미생물로부터 천적을 개발하여 사용하면 일단 안심이 된다. 다만 개발되어 있는 천적의 수가 농약에 비해 아직 훨씬 적은 편이고, 또 천적처럼 살아 있는 생물을 이용하려면 사전에 천적 생물에 관한 분류학적 연구에서부터 선택된 천적의 대량 증식 기술이나 유지 방법 등 연구해야 할 것들이 많기 때문에 천적 농약의 증가 추세는 그리 빠르지 못한 실정이다. 그 외에도 여러 가지 이유 등으로 인해 앞으로도 한동안은 농약의 사용 횟수가 훨씬 많으리라는 것은 어쩔 수 없는 현실이다.

이렇듯 어쩔 수 없이 농약을 사용해야 한다면, 우리는 농약 사용을 최소화하면서도 효과는 최대화할 수 있는 방법을 생각해야 한다. 그래서 요즈음 살충제의 개발 방향은, 제거하고자 하는 특정한 해충에만 선택적으로 작용하고, 사용된 후에는 잔류 성분이 자연에서 빨리 분해되어 없어지도록 고안해내는 방향으로 나아가고 있다.

곤충은 종류마다 먹이 성향이 다르다. 물론 어떤 종류들은 그 먹이 성향이 비슷한 경우도 있지만 그럼에도 생태적 조건 등은 항상 어느 정도의 차이를 가지고 있다. 우리가 한 가지 농약을 만들어서 사과, 배추, 벼 등에 기생하는 해충의 모든 종류를 확실하게 죽일 수 있다면 그것이 가장 효율적일 것 같지만, 사실 그런 농약이라면 해충 외에도 거의 모든 곤충들, 특히 우리 인간에게 유용한 천적 곤충이나 벌·누에 등 우리와 함께 존재해야 할 많은 생물들이 피해를 볼 것이 자명하다. 뿐만 아니라 그 정도로 강력한 독성을 가지고 있다면 그것이 자연 속에서 돌고 돌아 결국 우리에게도 치명적인 해를 가져올 것이 뻔하다. DDT는 바로 그런 이유로 인해서 사용이 금지된 대표적인 농약 아닌가.

결국 한 가지 해충 종류에 가장 적합한 살충제, 그러면서도 다른 곤충 종들에는 해를 끼치지 않는 살충제를 개발하는 것이, 그때그때 발생하는 해충을 없애면서도 환경오염을 최소화할 수 있는 최선의 방법인 것이다.

미국에서 수십 년 동안 골머리를 앓게 하던 문제의 해충으로 두 종의 대
표적인 나방(*Heliothis virescens*와 *Helicoverpa zea*)이 있는데, 이들은 모
두 담배밤나방(Heliothinae) 아과(亞科)에 속하는 나방들이다. 이들은 각
각 외형적으로 비슷한 종류가 많아서 서로 어떤 종인지를 구분하기 어려
운 경우가 많은데, 예를 들어 한 가지 종이라고 생각했던 나방들을 분류
학자에게 의뢰해 구체적으로 비교·연구해보니 실상은 여러 종이 섞여
있었다는 보고도 있다.

그림1 **담배밤나방 아과에 속하는** *Heliothis virescens*와 *Helicoverpa zea*

　　미국에서는 매년 수조 원의 피해를 끼치는 담배밤나방의 방제를 위해
지속적인 연구를 해오고 있는데, 연구하던 종에 대한 분석 결과 심지어는
한 가지 종류를 사육하면서 연구에 사용해온 것이 아니라 두세 가지 종류
가 섞여서 사육되어온 경우가 있었던 것이다. 해충 방제를 연구하던 학자
가 곤충 분류학자가 아니었기에 그러한 사실을 한동안 몰랐던 것이다. 이
렇게 서로 비슷한 종류가 많이 있으면서 그중에 해충이 섞여 있는 경우에
문제가 생긴다. 왜냐하면 이는 곧 지난 연구 성과들, 즉 그 해충의 어느

시기에 어떤 살충제를 얼마나 사용하면 가장 효율적으로 방제할 수 있나 하는 모든 연구 결과들이 신빙성이 없게 됨을 의미하기 때문이다.

서로 다른 종은 이용하는 먹이 패턴이나 생리·생태적 조건이 다르다. 마치 우리 인간과 침팬지가 서로 아주 가까운 종이고 또 먹는 음식 종류도 비슷한 경우가 많음에도 불구하고, 그 선호하는 음식의 종류나 생리적 반응과 성향이 다른 것처럼. 더군다나 조제된 합성 먹이를 먹여 대량 사육한 나방의 애벌레들은 먹이에 대한 선호도에 차이가 나도 구분이 어려운데, 성충에 비해 애벌레는 더더욱 종을 구분할 만한 특징의 수가 적기 때문이다.

이런 상황에서 만약 두 종의 애벌레가 섞여 사육된다면, 그리고 예를 들어 그중 약 20퍼센트 정도의 애벌레가 잘 자라지 못하고 죽게 된다면, 이들을 사육하는 연구자는 아마도 원래 몇 퍼센트 정도의 애벌레는 잘 자라지 못하는 것으로 생각할 뿐 거기에 두 가지 종류의 애벌레가 섞여 있다는 사실은 생각지도 못했을 것이다. 그리고 이런 상황에서 연구된 결과는 안타깝게도 한 종에 대한 종 특이적 결과로 볼 수 없으며, 연구 당시 두 종의 애벌레가 각각 얼마의 비율로 섞여 있었는가에 따라 결과가 달라졌을 테니 그 결과를 어떻게 한 종에 대한 신빙성 있는 연구 성과라고 할 수 있겠는가.

결국 도대체 그 해충이 어떤 녀석이고, 아닌 것은 또 어느 종인지를 구분하는 것이 이러한 해충 연구, 아니 생물종을 대상으로 하는 거의 모든 연구에 있어서 가장 필수적인 기본조건이라 하겠다.

우리나라에서도 그런 문제들이 종종 발생하는데, 예를 들어 사과나 복숭아의 해충인 애모무늬잎말이나방(*Adoxophyes orana*)을 보자. 이들은 오래전부터 사과에 심각한 피해를 주는 해충으로 알려져왔는데, 종종 엉뚱하게도 녹차를 재배하는 곳에서도 발생하여 문제를 일으킨다고 보고되어왔다. 그림2에서 왼쪽이 사과와 복숭아에 피해를 주는 애모무늬잎말이나방의 암수이고, 오른쪽이 차에 피해를 주는 해충(학명은 *Adoxophyes honmai*, 아직 우리말 이름이 없으므로 여기서는 가칭 '차애모무늬잎말이나방'이라 하자)의 암수이다. 가장 구분이 잘될 만한 개체를 비교한 것이라 얼핏 구분이 쉬워 보이지만, 실제로는 각 종마다 개체 변이가 심해 어떤 개체는 애모무늬잎말이나방과 색이나 모양이 전혀 구분이 안 되는 경우가 많고 그 반대인 경우 역시 허다하다.

　이러한 형태적인 유사성 때문에 한동안 분류학자들조차 이들이 한 가지 종류인 것으로 보고해왔는데, 이와 비슷한 문제점을 안고 있는 일본에서의 연구 결과 이들이 반응하는 페로몬의 구성성분이 조금 다르다는 보

그림2　왼쪽은 사과와 복숭아의 해충인 애모무늬잎말이나방의 암수이고, 오른쪽은 그와 매우 유사한 차의 해충이다.

고가 나왔다. 이어서 우리나라에서도 그와 유사한 보고가 나오고, 급기야
는 형태적인 아주 작은 특징들을 잡아내어 그것을 근거로 서로 다른 종으
로 보고되기에 이르렀다.

그런데도 여전히 이들 두 종류는 혼동이 된다. 더군다나 나방 전문가
가 아니면 알아보기 어려운 이 곤충들을 일반 농민이 구분하기란 어차피
힘들 것이다. 그렇다고 이 농약 저 농약 다 쳐서 해결하는 것이, 요즘 같
은 무농약 · 저농약 · 유기농 시대에 걸맞은 해결책은 아닐 것이다. 그렇
다면 가장 좋은 방법은 이들을 잡아서 전문가에게 보내 종을 동정(同定)
받는 것이고, 그걸 확인해주는 곳의 주소와 샘플 발송 방법만 농민들에게
홍보해두면 되지 않을까.

이때 발생할 수 있는 문제는 무엇일까? 그것은 종을 동정받는 데까지
시간이 얼마나 걸릴 것인가, 그리고 동정에 드는 비용은 얼마인가 하는
것이다. 아무리 확실하게 동정할 수 있다 해도 한 달쯤 걸린다면 이미 해
충의 피해는 입을 만큼 입은 다음일 것이다. 또, 한 번 동정받는 데 드는
비용이 100만 원쯤 된다면 이 역시 문제가 아닐 수 없다. 우리는 여기서
현대 분류학의 두 가지 큰 흐름을 비교하고 넘어가야 할 필요가 있다.

04

형태 vs DNA

분류학은 크게 형태적 특징을 중심으로 분류하는 방법과, 분자생물학적
특징을 가지고 분류하는 방법이 있다. 10여 년 전까지만 하더라도 형태적

인 특징을 중심으로 해충을 구분하였지만, DNA라는 새로운 분자생물학적 특징이 이용되기 시작하면서 학문적 흐름은 급속히 변화하기 시작하였다. DNA는 염색체 내 유전정보의 기본 물질이며, 이 DNA를 구성하는 A, C, G, T의 네 가지 뉴클레오티드들이 나름대로 배열되어 DNA를 이룬다. 이때 그 배열된 뉴클레오티드의 수가 거의 무한하리만큼 많기 때문에 가능한 데이터의 수 또한 그만큼 많고, 오히려 너무 많아서 그 정보를 다 얻기에는 시간과 돈이 너무 많이 들어 이용하지 못할 정도이다.

그렇다면 DNA라는 정보는 형태적 특징보다 항상 더 나은 것인가? 대답은 물론 '아니다'이다. 지금도 형태적 특징을 활용하는 것이 훨씬 나은 경우가 더 많다. 특히 그것이 어떤 종인지를 동정하는 경우에는 말이다. 문제는 어떤 종류는 형태적으로 매우 유사하다는 점인데, 이럴 경우 좀 더 상세한 형태적 정보를 얻기 위해서는 형태분류학을 전공한 학자에게 직접 의뢰하는 것이 가장 좋은 방법이다. 그러면 그 학자는 비교하려는 두 종을 보다 전문적인 방법, 즉 생식기를 해부한다든지 하는 방법을 통해 서로 간의 특징을 비교하고 그래서 두 종을 구분할 수 있게 된다. 아마도 최대한 사흘 정도가 걸릴 작업이 되겠다. 물론 사전정보나 비교를 위한 문헌자료 등이 이미 갖추어져 있다는 가정 하에 말이다. 그럼 만약 그 종이 처음 발견된 신종이라면 어떻게 할까? 물론 우선 그 신종부터 학계에 논문으로 보고해야 할 터이다.

그러면 DNA 정보를 이용하면 어떨까? 이 경우에도 우선 사전정보가 구축되었는지를 확인해야 한다. 만약 이미 구축된 자료가 없다면, 비교하려는 종으로부터 DNA를 추출한 다음, 비교하려는 유전자의 DNA 염기서열(뉴클레오티드의 배열 순서)을 확보하는 작업이 선행되어야 한다. 그리고 DNA 정보가 있는 상태에서 어떤 종을 동정하려면, 우선 그 개체로부터 DNA를 뽑아내어 해당 유전자의 DNA 염기서열을 얻은 다음, 이미 구축되어 있는 사전정보와 비교하여 어떤 종인지를 구분하면 된다.

이제 질문을 던질 때가 되었다. 형태적 동정과 분자생물학적 동정. 어느 쪽이 시간이 덜 걸릴까? 그리고 비용은? 나라면 어느 쪽을 택할까?

05 시간 vs 돈

곤충의 종수는 전 세계적으로 이미 알려진 것만도 100만 종이 넘는다. 곤충은 동물에 속하는 하나의 그룹이지만 그 종수는 동물 전체의 80퍼센트를 차지한다. 그러나 안타깝게도 우리나라에서 곤충을 연구하는 전문 학자의 수는 턱없이 모자란다. 그런 상황에서 전문가를 찾아 문제가 있을 때마다 해결을 부탁하기란 현실적으로 어렵다. 그렇다고 형태적 특징에 대하여 전문성을 갖지 않은 사람에게 아무리 이건 이렇고 저건 저렇다고 설명을 해도 제대로 구분할 수가 없다. 형태분류학자의 가장 큰 특징은 그 전문성이 연륜과 비례한다는 것이며, 아무리 공부해도 실전 경험 없이는 결코 단기간에 완성될 수 없다는 것이다. 그렇다고 특징을 적어 입력하면 자동으로 종을 동정하고 구분해주는 프로그램이 있는 것도 아니다.

결국 형태분류학자의 직접적인 도움이 항상 필요한 반면, 그 도움의 손길은 매우 한정되어 있어 이용하기가 어렵다는 것이 문제다. 설사 운

좋게 도움을 받을 수 있게 되었다 하더라도, 걸리는 시간은 종 구분이 얼마나 어려운가 하는 정도에 따라 짧게는 몇 시간에서 길게는 며칠이 걸리기도 한다. 물론 거기에 따라서 비용 역시 달라질 것이다. 필자의 생각으로는 보통 형태적으로 구분이 쉽다면 결코 맡기려 하지 않을 것이고, 구분이 어렵다면 학자 역시 깊이 연구해야 구분이 되는 경우가 많을 것이므로 아마도 평균 2~3일 정도는 잡아야 하겠다. 비용은? 물론 그 기간 동안의 연구비와 인건비를 더하면 될 터이다.

이제 분자생물학적 동정을 할 경우 드는 시간과 비용을 알아보자. 우선 동정하려는 종으로부터 DNA를 추출하고 염기서열을 분석하는 데 드는 비용을 생각해야겠다. 여기서 DNA 추출부터 염기서열 분석 직전까지의(즉 PCR 과정과 확인까지의) 과정은 별로 비용이 많이 들지 않는다. 그러나 마지막 염기서열 분석에는 비용이 많이 든다. 요즘은 가격이 많이 내렸다 하더라도 뉴클레오티드 하나당 몇백 원씩은 하는데, 한 번 분석하면 최소한 500개 이상의 뉴클레오티드를 확인하며, 또한 DNA가 이중나선 구조로 되어 있기 때문에 보통 양쪽 방향으로 한 번씩 확인하므로 그 비용은 다시 배가 된다. 얼핏 생각하면 형태적 분석에 비해 훨씬 비싼 방법 같다.

그러면 인건비는 어떨까? 여기서 우리가 하나 간과하지 말아야 할 것은, 분자생물학적 동정에는 그리 높은 전문적 지식이 필요 없다는 것이다. 즉 누구든 조금만 정보에 익숙해지고 나면 DNA 염기서열을 비교하여, 서로 얼마나 차이가 나는지를 쉽게 알 수 있다는 것이다. 그것은 또한 컴퓨터 프로그램을 이용할 수도 있다. 더군다나 요즘 웬만한 국영 또는 사립 연구소나 실험실은 이 정도의 DNA를 다룰 수 있는 준비가 이미 되어 있는 상황이다. 결국 전문가의 높은 수준을 요구하지도 않고 따라서 전문 가라는 희소성 때문에 결과 분석이 지연될 이유가 없다는 점에서, 인건비 측면에서는 훨씬 유리하다고 할 수 있다.

앞에서 염기서열 분석 직전까지의 과정에 괄호로 덧붙여 'PCR 과정과 확 인'이라는 표현을 썼다. 이 PCR 과정은, 분석하고자 하는 유전자 부위의 양쪽에 '프라이머'(primer)라는 짧은 DNA 인식표를 붙인 다음 그 두 프 라이머 사이에 존재하는 DNA를 많이 복사해내는 증폭 방법이다. 프라이 머라는 인식표는 DNA의 어느 곳에 맞게 만드느냐에 따라 프라이머 한 쌍 사이의 거리를 다르게 할 수도 있다. 또한 프라이머 쌍을 제작할 때 원 하는 종의 DNA와 일치시켜 그 종에서만 작용하게 할 수도 있고, 여러 종 의 DNA들 간에 서로 동일한 부위를 찾아 거기에 프라이머를 맞추면 이 프라이머 쌍은 여러 종에서 다 작용할 수도 있다.

그렇다면 만약 프라이머를 제작할 때 구분하고자 하는 두 종 간에 차 이가 나게 만들어서, 프라이머 쌍 A를 쓰면 종 A가, 프라이머 쌍 B를 쓰 면 종 B가 PCR 과정을 통해 증폭되게 할 수 있지 않을까. 그러면 혼동되 는 두 종을 대상으로 이 두 프라이머 쌍 중 어느 것으로 인해 증폭되었는 지만 보면 그 종이 어떤 종인지 알 수 있을 것이다. 물론 이를 쉽게 알도록 하기 위해 종 A에서 증폭되는 PCR 결과물과 종 B에서 증폭되는 PCR 결과물의 DNA 길이에서 차이가 나도록 프라이머 쌍의 부착 위치를 달리하면 좋을 것이다.

실제로 이런 연구는 요즘 특히 전문가도 구분하기 어려운 종들을 대상으로 이루어지고 있는데, 이는 상당한 장점을 가지고 있다. 첫째는 분석 과정이 훨씬 간단하고 또 비용이 매우 절감된다는 것이다. 염기서열의 분석과 확인 과정이 없으므로 비용이 저렴하고 시간도 절약된다. 단지 PCR의 결과만 확인하면 되므로, 염기서열 분석 및 비교를 위해 전문가가 필요하거나 비전문가를 위한 일부 사전교육조차도 필요가 없게 된다. 여기에 드는 시간은 길어야 24시간이 채 안 걸리며, 분석 비용 역시 인건비까지 감안하면 오히려 적게 든다. 무엇보다도, 더 이상 전문성에 의존하지 않고도 웬만한 기본 시설만 갖추면 동정이 가능하다는 것이다.

그러한 예로서 앞에서 언급한 사과, 복숭아, 그리고 차의 해충인 애모무늬잎말이나방류의 경우를 보자. 사과나 복숭아를 가해하는 종류와 차를 가해하는 종류가 같은 종인지 아니면 다른 종인지를 알아내고, 이와 동시에 그 두 종을 구분 지을 수 있는 프라이머 쌍을 개발하는 것이 필요하다. 특히 이렇게 형태적으로 전문가조차도 구분하기가 쉽지 않은 경우에는 더더욱 그렇다. 그러면 분자생물학적 분류 기법을 이용하여 어떻게 프라이머 쌍을 만드는지 간단히 살펴보자.

먼저 두 종으로부터 동일한 유전자 부위의 DNA 염기서열을 확보한다. 그 다음 그 염기서열을 비교하여 서로 차이가 큰 부분에 맞는 프라이머를 각 종마다 개발한다. 그리고 각 종의 프라이머의 위치를 잡을 때는 가능하면, 프라이머 쌍을 이용해 증폭된 PCR 밴드가 두 종 간에 길이의 차이가 나게끔 한다. 그렇게 해서 만들어진 프라이머 쌍으로 PCR 과정을 수행한 다음 전기영동 장치를 이용해 증폭된 밴드를 확인한다.

그림3은 그렇게 확인된 PCR 밴드를 보여주고 있다. 이 사진에서 차애모무늬잎말이나방(*A. honmai*) 프라이머와 애모무늬잎말이나방(*A. orana*) 프라이머는 각각 차를 가해하는 종을 알아내기 위해 제작된 프라이머 쌍과 사과·복숭아를 가해하는 종을 알아내기 위해 만든 프라이머 쌍을 뜻한다. 그리고 왼쪽에 있는 여러 개의 밴드가 모인 줄은 증폭된 밴드의 길이를 확인하기 위한 것으로, 예를 들어 아래쪽에서 다섯 번째 좀 진한 밴드의 높이로 밴드가 나타나면 그 밴드는 뉴클레오티드가 약 500개 정도(500bp) 결합된 DNA 조각이 증폭된 것을 뜻한다. 사진에 나타난 세 개의 뚜렷한 밴드가 PCR로 증폭된 밴드인데, 그중 애모무늬잎말이나방 프라이머 쌍을 사용했을 때 증폭된 밴드의 길이가 바로 약 500bp에 해당된다.

이제 이렇게 증폭된 밴드를 보이는 것이 두 종을 구분 짓는 데 어떻게

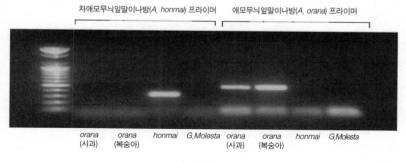

차애모무늬잎말이나방(*A. honmai*) 프라이머   애모무늬잎말이나방(*A. orana*) 프라이머

| *orana*
(사과) | *orana*
(복숭아) | *honmai* | *G.Molesta* | *orana*
(사과) | *orana*
(복숭아) | *honmai* | *G.Molesta* |

그림3 **PCR 밴드**

도움이 되는지를 보자. 사진에서 애모무늬잎말이나방 프라이머를 이용한 쪽을 보면 아래쪽에 네 가지 종의 이름이 나온다. 즉 해충이 사과를 가해하는 애모무늬잎말이나방인 경우, 복숭아를 가해하는 애모무늬잎말이나방인 경우, 차를 가해하는 차애모무늬잎말이나방인 경우, 그리고 또 다른 유사종(*G. molesta*)인 경우다. 이것은 애모무늬잎말이나방 프라이머 쌍으로 PCR 과정을 수행하면 애모무늬잎말이나방을 구분해낼 수 있을까를 실험한 것인데, 사진과 같이 애모무늬잎말이나방에서만 PCR 밴드가 증폭된 것을 볼 수 있다. 이와 마찬가지로 차애모무늬잎말이나방 프라이머 쌍을 이용했을 때에도 차애모무늬잎말이나방에서만 증폭된 것을 볼 수 있다. 다시 말하면 형태적으로 구분이 안 되는 두 종을 분자생물학적으로 구분하기 위해서는 두 쌍의 프라이머를 만들어놓은 다음, 해충으로부터 DNA를 추출하여 이들 프라이머 쌍으로 PCR을 실시하여 그 결과를 보면 어떤 종인지를 알 수 있는 것이다.

07 미래에 대한 전망

최근 DNA칩이라는 것이 만들어지면서 인간의 유전적 질병을 예측하고 예방하는 방향의 연구가 많이 이루어지고 있다. DNA칩이라는 것이 결국 서로 다른 유전자를 프라이머 같은 유전자 조각을 이용해 구분해내고, 심지어는 유전자 내 염기서열에서 하나의 뉴클레오티드에만 차이가 있어도 구분해낼 만큼 그 정교함이 높아지고 있다.

이러한 원리는 해충의 종 구분에도 똑같이 적용될 수 있다. 각 해충을 진단하는 특성을 갖는 프라이머 쌍 또는 그 역할을 하는 DNA 조각을 만들어 칩에 붙인 다음, 이 칩을 가지고 언제든지 해충의 종 동정에 이용한다면 빠른 시간 안에 종을 구분할 수 있을 것이고, 이에 따라 가장 적절한 해충 퇴치 방법을 적용할 수 있을 것이다. 앞으로는 구분이 힘든 대부분의 해충들에 대한 정보를 모두 모아 만든 DNA칩이 등장할 수도 있으며, 비용 절감을 위해 이러한 DNA칩이 반복 사용 가능하도록 고안될 것으로 전망된다.

이와 유사한 추세로 새로이 등장하고 있는 이슈가 바로 'DNA분류학'(DNA taxonomy), 즉 어떤 특정의 유전자 부위에 대한 DNA 염기서열을 모든 종마다 확보하여, 이를 바코드처럼 이용해 손쉽게 종을 구분 짓는 체계를 만들자는 것이다. 물론 여기에는 여러 가지 문제점들이 있으며, 아직 분류학계의 주류가 되기는 요원한 상태이다. 그럼에도 불구하고 이러한 연구는 이미 세계적으로 이곳저곳에서 시작되었으며 앞으로 그 영향은 어떤 식으로든 커질 전망이다.

DNA를 중심으로 한 여러 가지 분자생물학적 시도는 각 분야에서 이루어지고 있다. 분자계통분류학을 연구하는 분야 역시 예외가 아니다. 미래에는 이러한 분자생물학적 정보가 중요한 역할을 담당할 것을 믿어 의심치 않는다. 그러나 한편 형태적인 연구를 게을리 하는 것 또한 결코 좌시할 수 없다. 형태분류학은 모든 생물학적 연구의 근간이 되기 때문이다. 눈으로 보고 알 수 있는 것조차도 굳이 DNA를 뽑아내야만 어떤 종인지 알 수 있다면 그것이야말로 앞뒤가 바뀐 것이 아니겠는가.

해충과의 전쟁 2_ 생물학전

◆ 우수동, 충북대학교 식물의학과

01

전쟁의 시작

전쟁이란 가장 간단하게 언급하면, 자신의 이익을 쟁취하기 위한, 또는 자신이 가지고 있는 것을 지키기 위한, 나 아닌 존재와의 싸움이라 할 수 있을 것이다. 이러한 전쟁에는 우리가 흔히 알고 있는 인간들 간의 전쟁도 있으나, 아주 오랜 옛날부터 우리가 잘 인식하지 못하고 있는 가운데 조용히 그리고 지금까지 끊임없이 이루어지고 있는 전쟁이 있으니 그것은 인간과 곤충의 전쟁이다.

우리의 생활 주변 어디에서나 흔하게 찾아볼 수 있는 곤충은 인간과 함께 공존하고 있는 대표적인 생물이다. 함께 살아간다는 것은 거주하는 곳이 같다는 것을 의미하며, 이는 곧 거주지와 먹을거리를 공유할 수밖에 없다는 점에서 서로의 생존과도 연결된다.

곤충과 인간의 관계를 거슬러 올라가 보면, 아주 오랜 옛날에는 서로에게 아무런 해를 주지 않는, 그저 서로에게 무관심한 관계였을 것으로 생각된다. 그러나 이러한 둘의 균형 관계를 깨뜨리고 인간과 곤충의 전쟁이 시작된 역사적 계기는 인간들에 의한 농업의 시작이었다. 그저 자연으로부터 먹을거리를 얻을 때에는 아무런 경쟁의식 없이 곤충과 그것을 자연스럽게 공유하고 있었으나, 먹을거리를 인간들이 직접 생산해내기 시작하면서부터는 더 이상 곤충과 공유할 수 없게 됨으로써 곤충과의 전쟁이 시작된 것이다. 이렇게 시작된 전쟁은 때로는 곤충이 이기는 방향으로, 또 때로는 인간이 이기는 것처럼 보이기도 하면서 지금까지 끊임없이 지속되고 있는 것이다.

농작물과 관계된 농업 해충과 인간 간의 전쟁에 앞서, 사실은 먼저 시작된 곤충과의 전쟁이 있었다. 그것은 위생 해충과의 전쟁이었다. 농경문화가 시작되기 이전에 인간들은 비바람을 피하기 위해 동굴이나 움막 같은 곳에서 주거 생활을 시작하였다. 그러나 인간들에게 비바람을 피하기 위한 주거 환경이 필요하였듯이 곤충들도 그러한 환경이 필요하였으며, 이는 자연스럽게 인간의 주거 환경으로부터 이들 곤충을 멀리하려는 인간들과 그러한 환경을 필요로 하는 곤충과의 전쟁으로 이어지게 된 것이다.

전쟁의 전개 그리고 반전

초기의 전쟁은 주로 곤충의 승리였다. 이때는 주로 물리적인 방법에 의존한 전쟁이었기에 인해전술, 아니 충해전술(蟲海戰術)로 밀어붙이는 곤충들에게 인간은 속수무책으로 당할 수밖에 없었던 것이다. 시도 때도 없이 나타나는 곤충을 잡고 또 잡아도 그 수가 쉽사리 줄지 않았고, 언제나 농작물을 그들과 공유할 수밖에 없었다. 이들의 공격은 농작물이 자라는 동안만으로 끝나지 않고 농작물을 보관하는 동안에도 계속해서 이어졌으며, 이로 인한 피해를 인간들은 고스란히 감내할 수밖에 없었다.

위생 곤충의 경우에도 사정은 다르지 않았다. 비록 인간들이 당시에는 그 원인을 몰랐지만, 벼룩에 의한 흑사병, 모기에 의한 말라리아, 뇌염, 장티푸스 등 인간의 목숨을 위협하는 무서운 질병을 곤충이 매개하여 인류의 생존을 위협하였던 것이다.

그러나 이러한 곤충 우위의 전쟁에 결정적인 변화를 주는 대혁명이 일어났다. 인간들은 제1, 2차 세계대전이라는 거대한 전쟁을 치른 후, 전쟁을 통해 급속도로 발전한 화학 기술을 이용하여 곤충을 죽일 수 있는 치명적인 살충제를 만들게 된 것이다. 그것이 오늘날에도 해충 방제를 위해 주로 사용되고 있는 화학 살충제이며, 바야흐로 전쟁은 물리전에서 보다 진전된 화학전으로 양상이 바뀌게 되었다.

화학 살충제의 탄생은 해충을 효과적으로, 그리고 빠르게 그 밀도를 낮출 수 있게 하였다. 그 결과 해충에 의한 피해를 빠른 속도로 줄여나갈 수 있었다. 그리하여 이제 더 이상 곤충에 의한 피해가 문제가 되지 않는 것처럼 여겨지게 되었다.

그러나 인간들의 전쟁에서도 화학전의 부작용으로 인한 후유증이 서서히 발전하여 오랫동안 인간들을 괴롭히듯이, 곤충과의 화학전에서도 그러한 부작용이 생겨나게 되었다. 막대한 양의 인공 합성 화합물이 자연에 방출되면서 분해되지 않고 축적되어 환경을 오염시키고, 화학물질의 독성이 곤충에게만 한정되지 않고 같은 동물계에 속하는 인간이나 다른 동물들에게도 유해하게 작용을 하는 등, 곤충과의 전쟁에서 인간들은 큰 승리를 맛보았지만 그에 상응하는 큰 손실을 입게 된 것이다. 그리고 이러한 손실은 인간의 힘만으로는 여간해서 회복이 힘든 너무도 치명적인 것이었기에 인간들은 더 이상 화학전을 계속해서는 안 된다는 자각을 서서히 하게 되었다. 여기에다 상황을 더 어렵게 한 것은, 화학물질에 의해 무차별적으로 죽어나가던 곤충들이 생존이라는 절체절명의 위기로부터 탈출하기 위하여 스스로 화학물질에 대한 저항성을 보이기 시작한 것이다.

화학전의 부작용을 느끼기 시작한 인간들은 화학농약의 사용을 절제하는 한편 여러 가지 환경 친화적인 방법을 모색하게 되었다. 그 가운데 가장 주목받고 있는 것이 생물학적 방제법이다. 자연 상태의 천적을 이용하거나 생물로부터 얻은 천연물질을 이용하는 방제법, 그리고 미생물을 이용한 방제법 등이 그것이다. 그 결과 이제는 화학전에서 서서히 생물학전으로 전쟁의 양상이 바뀌어가고 있으며, 그 전술 가운데 가장 주목을 받고 있는 것이 미생물을 이용한 살충제의 개발이다.

화학전에서 생물학전으로, 미생물 살충제의 탄생

인간을 비롯한 여타 동물과 마찬가지로 곤충도 여러 가지 질병에 걸린다. 식중독, 피부병, 패혈증 등과 같은 병을 곤충도 앓게 되고, 심지어는 그러한 병으로 죽기도 한다. 곤충에 병을 일으키는 요인은 여러 가지가 있다. 바이러스, 세균, 곰팡이, 선충 등과 같은 곤충 병원성 미생물에 의한 것을 비롯하여 날씨, 영양 상태, 개체 밀도, 화학물질 등 비병원체에 의한 것까지. 그중 가장 많은 비중을 차지하는 것이 병원성 미생물에 의한 것으로, 현재까지 약 1500여 종의 곤충 병원성 미생물이 밝혀져 있다. 미생물 살충제는 이러한 곤충 병원성 미생물을 이용하여 인위적으로 곤충에게 병을 유발함으로써 그 밀도를 조절하고자 개발된 방법이다.

곤충 병원성 미생물에 대한 역사적 기록으로는 기원전 330년경 꿀벌의 병을 최초로 관찰한 이래 계속해서 꿀벌의 병에 대한 기록이 나타나고 있으며, 그 후 누에의 곰팡이병인 백강병에 대한 보고가 실험적으로 증명되면서 병원성 미생물설이 확립되었다. 초기의 병원성 미생물에 대한 관심은 꿀벌과 누에 같은 이로운 곤충을 보호하기 위한 연구로 시작되었으나, 1900년대에 들어서는 곤충이 병원성 미생물에 의해 죽게 된다는 사실을 이용하여 해충 방제를 목적으로 연구가 시작되었다. 그 후 1950년경에 이르러 이들 미생물을 전문적으로 다루는 '곤충병리학'이라는 학문적 체계가 세워지고, 병원성 미생물을 이용한 미생물농약이 개발·등록되면서 본격적인 이용과 연구가 이루어지게 되었다. 미생물 살충제에 이용될 수 있는 곤충 병원성 미생물로는 바이러스, 세균, 곰팡이, 리케차, 방선균, 선충 등 여러 가지가 있으나 그중에서도 앞의 세 종류가 가장 널리 이용되고 있다.

곤충 병원성 미생물을 이용한 미생물 살충제는 요즘 환경을 중요시하는 전 지구적 분위기와, 농작물 등에 대해 개인의 건강을 우선시하는 사회적 풍토에 가장 잘 부합될 수 있는 특징을 지니고 있다. 우선 자연 환경으로부터 분리된 미생물을 그대로 이용하여 해충을 방제한다는 것은 자연 환경에 아무런 해를 주지 않는다. 곤충(대부분의 경우 목적하는 해충)에만 선택적으로 독성을 보이므로 사람이나 다른 동물들은 물론이요 환경에 안전한 것이다. 또한 농작물 등에 잔존할 수 있는 살충제 걱정 없이 안심하고 먹을거리를 얻을 수 있는 장점도 있다.

그러나 이러한 여러 가지 장점에도 불구하고, 현재 널리 이용되고 있는 화학 살충제에 비하여 미생물 살충제는 경제성이나 효과 측면에서 경쟁력이 떨어져 그 개발이 미흡한 실정이다. 사실 미생물 살충제는 화학 살충제보다 훨씬 이전부터 그 개발과 이용이 이루어져왔다. 그러나 화학 살충제가 개발된 이후에는 그 놀라운 효과 때문에 미생물 살충제가 경쟁력을 잃고 급격히 시장이 감소되면서 연구·개발도 이루어지지 못하게 된 것이다.

미생물 살충제는 곤충에 병을 유발시켜 해충을 죽이기 때문에, 곤충 병원성 세균인 Bt, 즉 바실루스 튜링기엔시스(*Bacillus thuringiensis*)를 이용하는 경우를 제외하고는 거의 모두가 살충력이 화학 살충제에 훨씬 못 미치는 형편이며, 또한 방제 가능한 해충의 범위도 극히 제한되어 있다는 단점이 있다. 따라서 지금은 화학 살충제로 방제가 어려운 해충이나 한 지역에서의 방제에만 국한되어 이용되고 있으며, 그 외 대부분의 경우에는 화학 살충제에게 그 자리를 내주고 있다.

그러나 선진국을 중심으로 한 몇몇 나라에서는 이미 미생물 살충제의 중요성을 충분히 인식하고 꾸준히 연구하고 있으며 그 실용화를 추진하고 있다. 또한 미생물 살충제의 시장 점유율도 꾸준히 높아가고 있어 곧 전 세계적으로 그 이용과 개발이 활성화될 것으로 기대되고 있다.

04 미생물 살충제의 종류

| 세균 살충제 |　　　여러 가지 곤충 병원성 미생물 중 가장 많은 연구와 이용이 이루어지고 있는 미생물은, 화학 살충제에 비해 그 효과가 뒤지지 않는 곤충 병원성 세균을 이용한 살충제이다. 여기에 이용되는 세균은 대부분 포자를 형성하므로 야외에서 안정된 살충력을 가진다. 곤충 병원성 세균은 현재까지 약 100여 종류가 보고되고 있으나, 살충제로 이용되는 것은 주로 바실루스 속(屬)의 세균이다(Bt 외에도 *B. popilliae*, *B. sphaericus*, *B. moritai* 등이 있다).

그중에서 특히 Bt의 경우 현재 미생물 살충제 시장의 대부분을 차지하는 대표적인 것으로 손꼽을 수 있다. Bt 제제는 다른 미생물 살충제와 달리 생산비가 저렴하고, 다른 농약과 함께 혼용이 가능하며, 나비목·파리목·딱정벌레목 등 숙주 범위가 비교적 넓다는 특징과 더불어 살충성도 비교적 빠르게 나타난다는 점 때문에 가장 널리 이용되고 있다.

Bt는 보통 토양이나 나뭇잎 등 자연 환경 중에 존재하는 세균으로 포자 형성과 더불어 곤충 침입 시 독소 단백질을 생산하는데, 이 독소를 살충제로 개발하는 것이다. 그럼 독소 단백질의 독성 기작은 어떠할까? 곤충이 먹이 식물과 함께 우연히 독소 단백질을 섭취하게 되면, 독소 단백

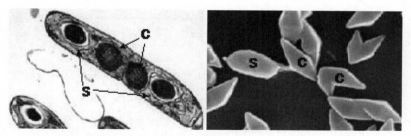

그림1 **곤충 병원성 세균 Bt의 내부 모양(왼쪽)과 포자(S) 및 독소(C)의 모양**

질이 곤충의 중장(동물의 위에 해당)에서 독성을 발휘하여 중장에 구멍을 형성하게 되고, 인간들의 위장장애와 유사한 증세를 유발함으로써 곤충이 수분 내에 먹이 식물의 섭취를 중단하고 중장의 구멍에 의한 여러 가지 생리적인 장애에 빠지게 됨으로써 결국 죽게 되는 것이다.

Bt를 이용한 살충제로는 일본 왜콩풍뎅이(상품명 Doom, Japidermic), 나비목 곤충(상품명 Dipel, Bactur, Thuricide, Endobacterin), 파리목 곤충(상품명 Teknar), 딱정벌레목 곤충(상품명 M-One) 등 여러 가지 주요 해충을 대상으로 매우 다양한 제제가 개발되어 있다. 현재 Bt 살충제의 연구·개발 방향은 보다 높은 독성을 가지는 새로운 균주의 탐색과 더불어, 최근 계속 보고되고 있는 Bt에 대한 해충의 저항성 문제를 해결하는 방안을 모색 중에 있다.

특히 Bt를 이용한 해충 방제의 가장 주목할 만한 연구 결과로는, 유전 공학적 기법을 통해 Bt의 독소 단백질을 식물체로 도입한 Bt 형질전환 식물체의 개발이다. 곤충에 독성을 보이는 독소 단백질이 식물의 조직 내에 존재하게 됨으로써, 해충이 식물을 가해하게 되면 그 즉시 독소 단백질이 유입돼 해충을 죽일 수 있게 만든 것이 Bt 형질전환 식물이다. 가장 성공적인 예가 Bt 형질전환 면화와 옥수수로서, 현재 미국의 경우 이들 작물에 대해서는 거의 대부분이 형질전환된 것을 이용하고 있다. 그 밖에도 벼, 토마토, 콩, 감자 등의 작물에도 Bt를 이용한 형질전환체가 개발되어 있으며 그 활용 분야에 대한 연구가 활발히 이루어지고 있다.

국내에서의 개발 현황은 아직 걸음마 단계로 일부 대학과 연구소 그리고 농약 회사에서 관심을 보이고 있으나 실용화에는 좀 더 시간이 필요하며, 현재 국내에서 사용되는 대부분의 Bt 제제는 원제를 수입하여 가공후 상품화한 것이다.

| 바이러스 살충제 |　　　곤충 바이러스 중 미생물 살충제로 개발되어 이용되는 것으로는 핵다각체병 바이러스(Nuclopolyhedrovirus, NPV), 과립병 바이러스(Granulovirus, GV) 세포질다각체병 바이러스(Cytoplasmic Polyhedrosis Virus, CPV)가 주로 이용되고 있다. 그중에서도 단연 우위를 점하고 있는 것은 핵다각체병 바이러스를 이용한 살충제이다.

바이러스 살충제는 세균 살충제와는 달리 독성을 보이는 물질을 이용하여 곤충을 죽게 하는 것이 아니다. 인간이나 동물이 바이러스 병에 걸리면 그들의 증식에 의해 피해를 입고 죽게 되듯이, 곤충의 체내에서 바이러스의 증식을 통해 곤충을 죽게 하는 것이다. 바이러스 역시 먹이 식물과 함께 우연히 곤충에 의해 섭취되게 되면 곤충의 중장을 통해 체내로 침입하게 되고, 그 후 그들의 복제에 의해 서서히 몸 전체로 병이 진전되어 결국 곤충을 죽게 한다.

따라서 바이러스 살충제는 그 효과를 나타내기까지 바이러스의 증식

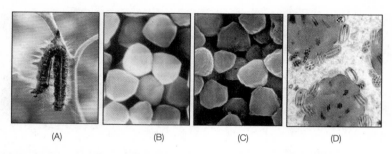

그림2 핵다각체병 바이러스에 걸려 죽은 집시나방 유충(A)과 여러 가지 바이러스의 외부(B와 C) 및 내부(D) 형태

에 필요한 일정 기간이 요구된다. 그로 말미암아 바이러스 병에 걸린 곤충이 죽기 전까지는 계속해서 작물을 가해하게 됨으로써 그 효과가 매우 천천히 발생하게 된다. 이러한 점은 화학 살충제의 즉효성에 비해 매우 취약한 특성으로 바이러스 살충제의 이용이 활발하지 못한 큰 장애요소이다.

바이러스 살충제에 있어서 또 다른 문제점은 바이러스의 높은 숙주 특이성이다. 곤충 바이러스는 그 생물학적인 특성상 원래 그 바이러스가 분리된 곤충 이외의 곤충에는 전혀 병원성이 없는 성질을 가지고 있다. 이러한 높은 숙주 특이성은 보는 관점에 따라서는 큰 장점으로 인식될 수도 있으나, 현재는 화학 살충제와 비교해서 상대적으로 단점으로 여겨지고 있다. 즉 목적 해충만을 가해하고 다른 곤충이나 천적에는 해가 되지 않는다는 것은 장점일 수 있으나, 반대로 한 가지 작물에 동시에 발생하는 여러 가지 해충을 방제하기 위해서는 각 해충마다 고유의 바이러스 살충제를 이용해야 되므로 비경제적이라는 것이다. 따라서 최근에는 이러한 문제점들을 유전공학적 방법으로 해결하려는 시도가 이루어지고 있으며 그에 따라 여러 가지 해결책이 제시되고 있으나, 그 실용화에는 아직도 해결해야 할 문제점이 많이 남아 있는 실정이다.

반면 바이러스를 이용한 살충제의 가장 큰 장점은, 계속적인 약제의 처리가 필요한 화학 살충제나 세균 살충제의 일시적인 효과에 따른 단기 방제보다는, 지속적으로 그 처리 효과를 보이는 장기 방제가 가능하다는 것이다. 일단 한번 살포된 바이러스는 그 후 몇 번의 추가적인 살포만으로도 바이러스의 증식 능력과 전파성에 의해 장기간 동안 계속적으로 해충의 밀도를 일정 수준 이하로 유지할 수 있게 해준다. 따라서 바이러스 살충제가 성공적으로 도입된 지역에서는 수년에서 수십 년에 이르기까지 오랫동안 더 이상의 약제 처리가 필요 없게 되기도 한다. 이러한 바이러스 살충제의 높은 안정성과 증식 기능은 산림 해충 등의 장기 방제에 매우 적합한 형태이다. 그래서 바이러스 살충제는 화학 살충제로 방제가 곤란한 특정 해충이나 특정 지역, 그리고 산림 해충의 방제에 주로 이용되고 있다.

현재 담배나방(상품명 Biotrol VHZ), 파밤나방(상품명 Biotrol VSE), 집시나방(상품명 Gypchek), 배추흰나비(상품명 Virin-Gkb) 등 주로 나비목 해충과 일부 딱정벌레목 해충을 대상으로 상품이 개발되어 이용되고 있다.

| 곰팡이 살충제 | 곰팡이를 이용한 해충 방제는 1900년대 초부터 본격화되었으며 현재까지 약 750종 이상의 곤충 병원성 곰팡이가 보고되고 있다. 곤충 병원성 곰팡이에는 진균류, 편모균류, 접합균류, 자낭균류, 담자균류, 불완전균류 등이 있는데, 그 가운데 불완전균류와 접합균류가 가

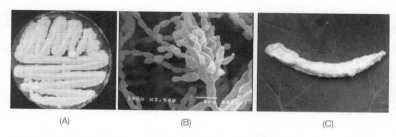

그림3 **곤충 병원성 곰팡이의 증식 모습(A)과 포자 모양(B) 및 죽은 유충(C)**

장 많다.

곤충 병원성 곰팡이의 살충 기작은, 곤충 표피에 곰팡이 포자가 부착되면서 표피 내부로 침입한 곰팡이가 체내에서 증식하고, 곰팡이에 의해 생산된 독소에 의한 중독, 그리고 증식에 의한 곤충의 생리 기능 저하 및 조직 파괴 등에 의해 이루어진다.

살충제로 주로 이용되는 것은 불완전균류이며(대표적인 것으로 Aspergillus, Beauveria, Metarhizium, Paecilomyces, Hirsutells, Nomuraea 등이 있다), 대상 해충으로는 선충, 가루이, 진딧물, 나방류, 응애 등이 있다. 곰팡이 살충제는 적절한 온도와 습도를 요구하는 곰팡이의 성장 조건을 감안하여 온실이나 산림 같은 특수 지역을 대상으로 해충의 방제가 이루어지며, 그렇지 않은 경우에는 토양 속 해충을 대상으로 한다.

도구를 이용한 물리전에서 화학전을 거쳐 바야흐로 생물학전으로 접어들고 있는 곤충과의 전쟁. 때로는 곤충이, 또 때로는 인간들이 우세를 보이기도 하면서 지금도 진행 중인 곤충과의 전쟁에서는 승자도 패자도 없을 것이라 여겨진다. 아니, 승자도 패자도 있어서는 안 된다고 생각한다. 인간도 곤충도 모두가 자연 생태계의 한 부분으로서, 어느 한쪽이 승리함은 곧 이러한 생태계의 파괴를 의미하기 때문이다.

그러므로 이제 막 시작되어 한창 진행 중인 생물학전은 매우 적절한 전쟁 방법이 아닌가 싶다. 화학전처럼 일방적으로 곤충의 씨를 말려버리는 무차별 박멸이 아니라, 생물이 살아가는 터전인 자연 환경에도 영향을 주지 않으면서 인간들에게 피해를 주지 않는 수준으로 그들의 밀도를 조절하는 것이 현재 생물학전의 궁극적인 목표이기 때문이다. 먹을거리와 주거 시설을 공유할 수밖에 없는 곤충과의 이해관계에서 미생물 살충제를 비롯한 생물학적 방제법이야말로 그들과의 관계에 있어 가장 적절한 타협점이 아닐까.

자연의 청소부, 버섯

◆ 구창덕, 충북대학교 산림과학부

건강에 관심이 있는 사람들이라면 모두 버섯을 좋아한다. 그러나 버섯 가운데는 먹으면 환각을 일으키는 것도 있고, 온갖 고생을 하다가 결국은 간이 굳어 죽게 만드는 것도 있다. 또 먹을 수는 있어도 너무 비싸 쉽게 사 먹을 수 없는 것도 있다. 특히 비싼 것으로는 송이가 그렇고, 유럽에서 나는 덩이(truffle)란 버섯은 더욱 그렇다. 이렇게 전 세계 사람들이 즐겨 애용하는 버섯은 도대체 무엇이며, 어떤 종류가 있고, 자연 생태계에서는 어떤 기능을 하는 것일까.

산에 가면, 특히 소나무와 참나무류가 많은 산에 가면 버섯이 많다. 나무줄기에 선반처럼 붙어 있는 것, 낙엽 위로 솟아 있는 것, 그리고 그냥 맨땅에 나 있는 것도 쉽게 볼 수 있다. 이렇게 산이나 들의 자연 상태에서 자라는 버섯을 우리는 흔히 '야생 버섯'이라고 일컫는다.

현재 인공 재배되고 있는 버섯은 표고, 느타리, 양송이, 팽이, 목이, 만

그림1 버섯 역시 생태계의 한 구성원으로서 중요한 역할을 담당한다.

가닥버섯, 영지, 눈꽃동충하초, 상황 등 세계적으로 20여 종에 지나지 않
는다. 우리나라에서 기록된 버섯은 92과(科) 388속(屬) 1554종(種)에 이
르며 전 세계적으로는 수천 종이나 되니, 몇 가지 재배 버섯을 제외하면
모두 야생 버섯인 셈이다. 야생 버섯은 자연 생태계의 한 구성원으로서
생태계에서 일어나고 있는 기능에 관여하고 있다. 버섯은 나름대로 생태
계에서 큰 역할을 담당하고 있는 것이다.

버섯(mushroom, fruiting body, Pilz)이란, 곰팡이가 포자를 만들고 전파시키기 위하여 만든 특수한 모양의 균사체로서 우리 눈에 보이는 크기로 된 것이며, '자실체'라고도 한다. 버섯의 구조는 일반적으로 갓, 주름, 줄기로 되어 있는 우산 모양인데, 주름에서 포자가 형성된다. 이 네 부분은 버섯의 종류에 따라 모양이 다양하게 변형되어 있으며 이 형태로 종을 구분한다.

그렇다면 곰팡이(fungus, fungi)란 또 무엇일까. 곰팡이는 '균류'라고도 하는데 동물도 식물도 아닌, 실 모양으로 자라는 하등생물이다. 균류는 광합성을 하지 못하므로, 동물처럼 이미 광합성으로 형성된 유기물을

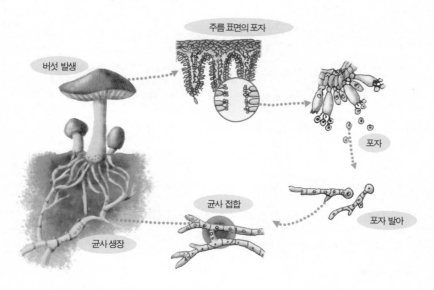

그림2 **담자균 버섯의 생활사**

이용하여 에너지를 얻는다. 실 모양의 팡이실(균사)이 효소를 분비하여 유기물을 분해하고, 그 균사 표면에서 에너지나 양분을 흡수한다. 혈관계나 신경조직은 없다.

버섯의 생활사는 종류에 따라 다르지만, 우리가 일반적으로 알고 있는 송이나 표고, 팽이, 느타리 같은 담자균 버섯의 경우 대체로 다음과 같은 사이클을 갖는다. 먼저 버섯의 주름에서 포자(n)로 출발, 발아하여 균사가 되고, 이 균사가 다른 균사와 접합(n+n)한 후 계속 생장하여 자실체, 즉 버섯을 형성한다. 그리고 핵융합(2n)을 한 후 감수분열(2n→n)하여 다시 포자(n)를 형성하는 것이다.

생태, 생태계란 무엇인가?

생태공원, 생태마을, 생태도시……. 근래 들어 우리 주변에서는 '생태'라는 말을 흔하게 보고 들을 수 있다. 그런데 도대체 '생태'(生態, ecology)란, 그리고 '생태계'(生態系, ecosystem)란 무엇을 뜻하는 것일까?

글자 그대로 보면 '생태'는 생물들이 어떤 특정 환경에서 살아가는 모습이다. 보다 전문적으로 말하면 생태란, 다양한 생물종들이 주위의 물리적 환경과 생물적 환경에 적응하여 살아가는 모습이다. 그리고 이 생물들이 물리적 환경 속에서 함께 체제(system)를 이루어 살아가는 공간이 바로 '생태계'가 된다.

생태계에는 구조가 있고, 기능이 있다. 흔히 '생태계의 위기'라고 말하는데, 이것은 생태계의 구조가 손상되어서 제 기능을 다하지 못할 위험에 직면함을 뜻한다. 그렇다면 생태계의 구조와 기능은 도대체 무엇일까.

생물이 살아가고 있는 생태계를 찬찬히 뜯어보면, 이것도 우리 몸처럼 구조와 기능이 있음을 알게 된다. 우리 몸은 세포로 구성되어 있으면서 뼈대(골격계), 신경계, 소화계, 혈관계, 호흡계 등의 구조를 가지고서 운동을 하거나, 소화된 양분과 산소를 혈액에 실어서 몸의 각 부분에 공급한다. 그리고 각 구조는 독립적으로 있는 것이 아니라 서로 연관되어, 생명체를 통일적으로 유지하는 것을 목적으로 각기 기능을 한다.

생태계의 구조를 보면, 우선 생태계는 그 구성원으로서 빛, 온도, 물, 양분 등과 같은 물리적 구성원이 있다. 또한 우리 몸이 수많은 세포로 되어 있듯이 생태계 역시 수많은 생물종들로 구성되어 있고, 이들은 한 장소에서 수평적으로 혹은 수직적으로, 지상과 지하에 걸쳐서 분포하고 있다. 각 종의 개체는 크기와 나이가 다르면서도 생태계 내에서 서로 관계를 맺어 통일적으로 어울려 있다. 예컨대 생태계의 먹이사슬 구조를 보면 생산자, 소비자, 분해자로 구성되어 이들 사이에서 물질과 에너지가 순환한다. 버섯은 종류에 따라 죽은 유기물을 분해하지 못하는 송이나 능이 등 균근성 버섯 같은 소비자도 있고, 곤충에 기생하는 동충하초 같은 기생성 버섯도 있으며, 죽은 식물만을 이용하는 느타리, 양송이, 표고 같은 분해자도 있다. 그러면서 버섯은 이 물질들을 재구성하여 스스로 생장한다.

생태계에서 기능이라 함은 생물이 물리적 환경이나 생물적 환경과 관련하여 일으키는 역동적 과정을 말한다. 먼저 식물의 잎이 탄소동화 작용을 하여 유기물을 생산하면 이를 이용하여 줄기와 뿌리가 생장하고, 이

식물은 동물과 미생물이 살아갈 수 있는 에너지를 공급한다. 뿌리는 토양에서 수분과 양분을 흡수하여 잎에게 공급한다. 먹이사슬 구조로 인하여 한 종의 밀도가 적정하게 유지된다면, 생산자와 소비자의 체내로 고정되어 들어간 탄소 에너지와, 질소나 인과 같은 무기양분들은 분해자에 의하여 다시 순환할 수 있다. 결국 구조는 그 환경에서 기능을 잘할 수 있도록 적응하면서 발달된 것이라고 할 수 있다.

04 자연 생태계에서 버섯의 가치

버섯은 자연 생태계의 구조와 기능 면에서 식물이나 동물과 영향을 주고받는 밀접한 관계를 맺고 있다. 그렇다면 자연 생태계 속에서 버섯은 어떤 가치를 지니고 있을까.

무엇보다 버섯은 생태계 구성원으로서의 가치를 지닌다. 버섯은 식물, 동물, 세균 등과 함께 자연 생태계의 한 구성원으로서, 살아 있는 수목의 잎과 꽃, 가지와 줄기, 뿌리, 그리고 죽은 식물 사체의 유기물이 쌓인 곳, 곤충의 몸체에도 살고 있다. 이들은 물리적 환경인 햇빛과 물과 온도와 영양분에 영향을 받으면서 때로는 간신히 생존을 유지하기도 하고 때로는 왕성하게 번성하기도 한다.

이러한 생태계 구성원으로서 버섯은 생태계를 유지하는 데 없어서는 안 될 기능적 역할을 수행한다. 즉 버섯은 생태계 속에서 분해자, 재활용자, 협력자, 그리고 생명을 주는 자의 역할을 하는 것이다.

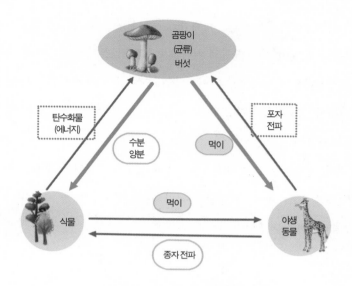

그림3 **생태계에서 버섯과 식물과 동물의 관계**

먼저 버섯은 분해자로서, 유기물을 분해하여 원래의 분자 상태로 만듦으로써 토양 양분을 재충전시킨다.

둘째, 버섯은 재활용자이다. 즉 유기물을 분해하여 자신의 생장을 통해 재창조하는 것이다. 생태계에서 이루어지고 있는 중요한 기능으로는 에너지 순환, 양분 순환, 공생, 기생, 먹이 공급 등이 있는데, 버섯은 식물이 광합성으로 축적한 탄수화물을 이용하여 살아가면서 그 유기물 속에 고정된 양분들을 다시 토양으로 환원시키는 일을 동시에 한다. 즉 분해자이면서 재활용자의 역할을 하는 것이다.

셋째, 버섯은 협력자로서 다른 생물에게 양분이나 서식지를 제공하여 그 생물의 생존과 번성에 기여한다. 예컨대 식물 뿌리가 곰팡이와 공생(균근)하면 식물은 수분과 양분을 잘 흡수하게 되고 토양 독성 물질에도 저항성을 지니게 된다. 또한 지의류는 광합성을 하는 남조류와 곰팡이의 공생체로, 식물이 없는 환경에 처음으로 들어가는 개척자가 된다. 나무를 가해하는 곤충도 곰팡이균을 이용하여 송진 같은 저항성 물질을 분비하는 나무의 저항력을 떨어뜨리고, 목질세포를 분해시켜 애벌레의 먹이를 만들도록 한다.

넷째, 버섯은 생명을 주는 자이다. 생태계 먹이망의 구성원으로서 버섯은 사람, 동물, 곤충, 선충의 먹이가 되고, 대신 이들을 이용하여 자신의 종족(포자)을 퍼뜨린다.

05 다양성의 파노라마

버섯은 그 겉과 속의 모양, 에너지를 얻으면서 살아가는 양상, 그리고 포자를 형성하고 전파하는 방식이 종류마다 각기 다르다. 이런 생활사의 다양성은 결국 생태계의 한 구성원으로서 기능의 다양성도 갖게 한다.

우선 버섯은 포자의 전파 방식에 있어서도 다양하다. 우산 모양의 버섯에서 포자를 맺는 곳은 주름 부분인데 이곳에서 떨어진 포자는 바람으로 전파된다. 그러나 알 모양의 버섯 속에 있는 포자는 빗방울 같은 충격으로 뿜어져 나와서 바람을 타고 가기도 한다. 그리고 땅속의 나무뿌리와 공생하는 버섯은 짙은 향기로 동물을 유혹하여 자신을 먹게 만든 후 그 동물의 배설물을 통해 포자를 전파하거나, 곤충을 유인하는 냄새를 풍겨서 곤충의 몸에 묻혀 전파하기도 한다. 또한 비가 많이 오는 시기에 나는 버섯은 빗물에 씻겨 내려가면서 전파된다. 이렇듯 다양한 포자의 전파 방식은 각기 특수한 서식지 환경에 적응한 결과라 할 수 있다.

또한 버섯은 다양한 에너지원을 갖고 있다. 버섯은 스스로 광합성을 할 수 없기 때문에 이미 만들어진 유기물을 이용하는데, 버섯이 이용하는 에너지원(탄소원)에 따라 버섯은 크게 세 가지 부류로 나뉜다. 즉 이미 죽은 동물이나 식물에서 자라는 부생성(사물 기생성) 버섯, 살아 있는 생물을 이용하는 기생성(활물 기생성) 버섯, 그리고 살아 있는 나무뿌리와 공생하여 자라는 균근성(공생성) 버섯이 있다.

| 부생성 버섯 |　　우리가 흔히 시장에서 볼 수 있는 표고, 느타리, 양송이, 팽이, 만가닥버섯, 잎새버섯 등이 부생성 버섯이다. 원래는 자연 상태에서 죽은 나무줄기나 낙엽 더미, 두엄에서 났던 것인데 인류가 그 버섯균들을 인공적으로 톱밥이나 볏짚, 밀짚, 솜 등에서 길러내게 된 것이다. 이 외에도 말똥이나 소똥 같은 동물의 배설물에서 자라는 것(말똥버섯류, 소똥버섯류)도 있다.

| 기생성 버섯 |　　기생성 버섯은 위와는 반대로, 살아 있는 생물에 기생하여 결국은 그 생물을 죽이면서 자라는 버섯이다. 뽕나무버섯이나 상황버섯이 속하는 진흙버섯류를 비롯하여 말굽버섯, 잔나비버섯 등이 있는데 이들을 '병원성'이라고도 한다. 요즘 누에의 번데기를 이용해 길러내는 동충하초도 이런 기생성 버섯이다. 동충하초는 곤충의 번데기뿐만 아니라 움직이는 애벌레, 날아다니는 성충에게까지도 포자를 침투시켜서

기생한다. 자갈버섯류는 두더지 같은 땅속 동물의 배설물을 이용하거나 땅에 묻힌 동물의 사체, 벌집 등에서 자란다. 이러한 기생성 버섯들 중 많은 것은 죽은 식물이나 동물, 곤충에서도 자랄 수 있어서 인류가 필요에 따라 부생성 버섯처럼 식용이나 약용으로 재배하고 있다.

| 균근성 버섯 | 균근성 버섯은 나무뿌리에 균근을 형성, 공생하면서 자라는 버섯으로 그 나무와 더불어 살아가는 버섯이다. 야산이든 심산이든 소나무나 참나무류, 자작나무가 있는 숲의 땅에서 자라는 많은 버섯이 이에 속한다. 균근성 버섯들은 나무가 광합성하여 만든 탄수화물을 받아 생장하고, 수많은 가느다란 균사를 땅속으로 뻗쳐 수분과 질소, 인 같은 양분을 흡수하여 나무뿌리에 공급한다. 모래밭버섯, 송이, 능이, 덩이, 꾀꼬리버섯, 싸리버섯, 밤버섯(벚꽃버섯), 가지버섯(자주방망이버섯), 까치버섯(먹버섯, 미역버섯) 등이 여기에 속한다. 그런데 이러한 균근성 버섯 중에는 소나무숲에서만 자라는 송이처럼 특정한 나무하고만 공생을 하는 것도 있고, 꾀꼬리버섯처럼 몇 가지 나무와 공생하는 버섯도 있다.

버섯의 겉모양은 우리가 흔히 보는 우산형 외에도 깔때기형, 선반형, 귀 모양, 이빨형, 산호형, 공 또는 알 모양, 새집 모양, 별 모양, 컵 모양 등 다양하다. 포자를 맺는 곳인 주름도 흔한 칼날 모양에서부터 스펀지형, 아주 미세한 구멍형, 그물 모양, 이빨 모양, 곰보형 등 수식어가 부족할 정도로 다양하다. 버섯의 속모양은 겉모양과 관련하여 짐작할 수 있듯이 주로 갓, 줄기, 줄기주머니의 세 부분으로 구분된다. 그리고 공 또는 알

그림4 버섯 자실체에서 포자를 맺는 조직의 여러 형태

모양의 버섯을 잘라보면 줄기가 있는 것과 없는 것, 칼날의 주름 모양이 있는 것, 스펀지 모양인 것, 속이 말라 있는 것과 젤리가 차 있는 것 등 그 모양의 조합은 가히 상상을 초월한다.

또한 버섯은 그 서식지도 매우 다양하다. 종류에 따라 표고버섯처럼 나무줄기에서 나는 것, 먹물버섯처럼 두엄에서 나는 것, 공생하는 뿌리가 있는 땅에서 나는 것 등이 있고, 덧부치버섯처럼 다른 버섯 위에 나는 것도 있다. 그리고 동충하초처럼 곤충의 번데기나 애벌레, 성충에 나는 것이 있는가 하면, 말똥버섯처럼 땅위의 소똥이나 말똥에서 나는 것도 있다. 또 자갈버섯류처럼 땅속에 사는 동물의 배설물이나 죽은 동물의 사체, 벌집 등에서 나는 것도 있다. 이처럼 버섯의 서식지는 다양하기가 이루 말할 수 없다.

더욱이 가용한 유기물 종류에 따라 버섯 종을 구분할 수도 있다. 목재에서 리그닌을 분해 못하고 셀룰로오스만을 분해할 수 있는 복령 같은 갈색 부후균이 있는 반면에, 셀룰로오스와 리그닌 모두를 분해할 수 있는 느타리, 표고, 구름버섯 같은 백색 부후균이 있다. 수목도 침엽수나 활엽수에 따라, 그리고 나이에 따라 분비하는 물질과 수풀 내 환경이 달라지므로 공생하는 균근성 버섯의 종류도 달라지게 된다. 산림이 천이(遷移, 일정한 지역의 식물 군락이나 군락을 구성하고 있는 종들이 시간의 추이에 따라 변천해가는 현상)함에 따라 산림에 사는 버섯도 천이를 한다. 자연은 항상 변화하고 생물들은 이에 적응하며 살아간다. 하지만 그 변화에 적응하는 방식은 매우 다양하다. 버섯도 그렇다.

생태계에는 항상 예상치 못하는 교란이 있고, 여기에 적응된 생물로 이루어진 생태계는 그에 맞게 구조와 기능이 발달한다. 버섯과 자연 생태계와의 관계를 배우는 것은, 이것을 창조적으로 모방하여 생태적으로 지속 가능한 우리 삶을 이루고자 함이다.

치유의 숲, 숲은 건강의 산실이다

　　◆ 신원섭, 충북대학교 산림과학부

숲의 건강 메커니즘, **피톤치드와 음이온**

숲이 건강에 도움이 된다는 것은 동서고금을 통하여 널리 알려져왔다. 그럼에도 불구하고 이러한 효과에 대한 실증적 연구가 관심을 끌게 된 것은 불과 1900년대에 이르러서였다고 볼 수 있다.

숲의 질병 치료 효과가 처음 보고된 것은 아마도 1900년대 초 미국 뉴욕 시의 한 병원일 것이라고 추측된다. 당시 그 병원에는 입원 환자가 너무 많아 병실이 모자랐다. 그래서 병원 측은 전염성이 있는 폐결핵 환자들을 따로 분리해 야영을 시키며 치료를 하였는데 그 회복률이 상당히 높음을 발견하였다. 그 이후 많은 실증적 연구들이 이러한 숲의 건강 효과를 과학적으로 뒷받침해주었다.

일반적으로 건강을 목적으로 하는 숲의 이용 형태는 주로 집단 야영이나 일정한 커리큘럼을 가진 프로그램에 의한다. 이러한 야영이나 프로그램은 정신병의 치료, 이상행동의 교정, 사회성의 증가, 마약 또는 알코

그림1 숲이 건강의 원천임은 동서고금을 통해 널리 알려진 사실이다.

올 중독 치료, 소년범의 재범률 저하, 신체의 균형 조절, 신경우울증 치료
등에 효과가 있는 것으로 보고되고 있다. 또한 몇몇 연구는 숲의 이용이
학력 증진 및 학교와 교사에 대한 호의적 자세 증진에도 효과가 있음을
보고하였다.

그렇다면 숲은 어떻게 사람들을 건강하게 하는 것일까? 숲의 건강 효
과를 의학적 측면에서 볼 때 첫 번째로 거론되는 것이 '피톤치드의 효과'
이다. 이는 1969년 레닌그라드 대학의 식물학 교수인 토킹 박사가 발견
하였는데, 수목 내에서 방출되는 '피톤치드'라는 물질이 인간에게 해로운
균의 살균 작용을 한다는 것이다. 이 피톤치드의 장점은 개개의 수목이
그 특성에 따라 살균의 범위를 선택하고 인간의 몸에 무리 없이 흡수된다
는 것이다. 또한 수목의 향기와 수액에 포함된 테르펜계 물질의 약효가

그림2 숲이 내뿜는 피톤치드는 살균 작용으로 인체의 건강을 유지시킨다.

숲의 건강 효과를 가져온다고 하며, 이는 주로 피부 자극제, 소염제, 소독제, 완화제 등으로 쓰인다고 한다.

또한 숲은 음이온의 창고이다. 한 조사에 의하면 숲에서는 1세제곱센티미터(cm^3)당 약 2800개의 음이온이 있는 데 반해 공장 지대에는 500개의 음이온밖에 존재하지 않았다고 하니 얼마나 큰 차이가 있는지를 알 수 있다. 음이온은 잘 알려진 대로 여러 가지 생체 효과를 일으킨다고 하는데, 대표적으로 혈액을 정화시키고, 정신을 안정시키며, 면역 강화, 폐 기능 강화, 세포의 활성화 등 우리 인간의 전반적인 건강에 영향을 미친다고 한다.

심리적 측면에서 숲의 건강 메커니즘은 '자극'이란 이론으로 설명할 수 있다. 즉 우리가 살고 있는 일상생활의 환경과 숲의 환경이 다름으로 해서 얻어지는 자극의 효과이다. 이를 '산림 자극'이라고 칭하는데 이 말은 번스타인이라는 환경심리학자에 의해 처음 사용되었다. 심리적 복리 증진에 있어서 숲의 역할을 설명한 것이다.

'산림 자극'은 '도시 자극'과 반대되는 뜻으로 적은 인구밀도, 낮은 수준의 소음과 움직임, 그리고 낮은 변화율을 포함한다. 도시 환경은 인간에게 많은 심리적 · 육체적 위협과 스트레스 자극을 심각하게 노출시킨다. 도시에서는 자기 스스로 결정하거나 주도적으로 외부 환경을 변화시키기

그림3 숲은 우리가 생활하는 일상과 다른 환경으로서 새로운 자극을 제공한다.

가 어렵다. 그와 반대로 숲은 대응 행동을 유발시킬 수 있고, 이로 인하여 여러 가지 위협이나 스트레스 자극을 감당하든지 혹은 피해갈 수 있는 능력을 길러준다. 숲은 대응 행동을 통하여 긍정적 심리 변화의 가능성을 사람들에게 제공한다.

마지막 잎새, 그리고 수술실의 환자들

미국의 유명한 작가 O. 헨리가 쓴 「마지막 잎새」는 아주 감동적인 소설로 우리에게 잘 알려져 있다. 미국 워싱턴 광장 서쪽의 작은 마을을 배경으로 한 이 소설은 폐렴을 앓고 있는 존시와 한 늙은 화가와의 감동적인 이야기를 그리고 있다.

이 작품의 배경이었던 1800년대 후반만 해도 폐렴은 불치의 병이었고, 폐렴을 앓고 있던 주인공 존시는 창밖에 보이는 담쟁이 넝쿨을 바라보며 그곳에 달린 이파리만 세고 있다. 살려는 의지는 갖지 못하고 그 잎이 다 떨어지면 자기도 죽을 것이라는 생각을 한다. 이때 아래층에 사는, 이른바 세상의 기준으로 보면 보잘것없고 실패한 노인 화가 베어먼은 존시의 이야기를 듣고 찬비를 맞으며 밤새 창밖의 벽에 잎새를 하나 그려놓는다. 존시는 매일 아침 두려운 마음으로 커튼을 열고 창을 통해 담쟁이 넝쿨에 매달린 잎새가 붙어 있는지를 확인한다. 폭풍우가 쏟아지는 밤, 존시는 그 잎새가 견디지 못할 것이라는 생각을 하고 자기도 곧 죽을 것이라고 생각한다. 그러나 다음날 끝내 떨어지지 않고 넝쿨에 매달려 있는

그림4 **창밖의 숲을 바라보는 것만으로도 건강해진다고 연구는 밝히고 있다.**

잎새를 보고 존시는 삶의 용기와 의욕을 찾는다.

이 감동적인 얘기가 비단 소설 속의 이야기만이 아니고 실제 병원에 입원해 있는 환자에게서도 일어난다는 사실이 과학적으로 증명된 연구가 있다. 미국에서 발행되는 세계적인 과학 잡지 『사이언스』에 실린 연구인데, 수술 환자의 회복은 입원실 창문을 통해 보이는 숲이나 나무에 의해 영향을 받는다는 결론을 내고 있다. 이 연구를 좀 더 자세히 소개하면 이렇다.

미국 델라웨어 대학의 교수가 1972년에서 1981년 사이에 펜실베이니아 주에 있는 한 병원에서 심장 수술을 받은 46명의 환자를 대상으로 조사를 하였다. 이들 46명의 환자 중 23명은 입원실 창을 통해 주로 활엽수가 심어진 정원을 볼 수 있었고, 다른 23명은 병원 건물의 벽만을 볼 수 있었다. 물론 결과에 영향을 미칠 수 있는 성별, 나이, 흡연 여부, 기타 다른 여러 가지 조건들은 동일하게 설정하였다. 그리고 두 집단 환자들의 입원 기간, 매일 투여하는 진통제의 강도와 투여 횟수, 두통과 같은 미약한 증상, 수술 후 부작용, 그리고 회복 상태에 대한 간호사의 의견 등에 대해 조사를 했다.

이 연구에서 밝혀진 결과를 보면, 정원이 보이는 입원실의 환자가 회복이 빨라 평균 일주일 입원 기간 중 하루 정도 빨리 퇴원을 했다고 한다. 또 한 간호사가 평가한 환자의 상태에서도 정원을 볼 수 있는 환자 집단이 훨씬 긍정적인 면이 많았고, 수술 후 부작용도 적었으며, 진통제의 투여량도 적었다고 한다. 이쯤 되면 모든 병원을 숲 속으로 옮기든지, 병원에 나무 심기 운동을 벌이든지 해야 하지 않을까? 정 이것도 저것도 어렵다면 병실에 자연 풍경이 담긴 그림이라도 걸어두는 것이 어떨까?

그림에 대한 재미있는 연구가 또 하나 있다. 스웨덴의 한 정신병원에서 환자들이 병원 내에 걸어둔 그림에 대해 어떻게 반응하는가를 15년간 관찰한 연구 결과이다. 병원에 걸린 추상화에 대해 많은 환자들이 불평을 했고, 심지어는 일곱 차례나 그 그림들을 떼어내 부수어버렸다. 그러나 자연 풍경을 담은 그림은 전혀 그런 일이 없었다고 한다. 비슷한 연구가 미국에서도 발표되었는데, 정신병원에 단기간 입원한 환자들이 농촌·산촌의 자연 풍경이나 꽃병에 담긴 꽃과 같은 그림에 대해선 호의적인 반응을 보인 반면 내용이 모호하고 명확하지 않은 추상화에 대해서는 아주 부정적인 반응을 보였다고 한다. 또 치과 환자를 대상으로 이런 조사가 수행된 적도 있다. 벽에 자연 풍경의 그림이 있는 치료실에서 치료를 받는 환자들은 그렇지 않은 치료실에서 치료를 받는 환자보다 심장 박동을 비

그림5 숲은 현대인의 건강을 지켜주고 질병을 치유하는 중요한 기능을 수행한다.

롯한 여러 가지 스트레스 수준이 훨씬 낮았다고 한다.

사실 이와 같은 자연 또는 숲이 가져다주는 건강의 효과는 최근에 알려진 것이 아니다. 동서를 막론하고 옛날부터 아름다운 자연을 찾아 심신을 수련한 예는 어디서나 쉽게 찾아볼 수 있다.

오늘날 많은 병원에서는 이러한 숲의 건강 기능을 현대적인 임상 건강법에 도입하기 시작했다. 사실 지금까지 주로 사용되던 약물, 수술 등의 의학은 많은 부작용을 수반할 뿐만 아니라 적용에도 한계가 따르게 마련이다. 그래서 이젠 의사들도 자연 또는 대체의학이란 새로운 개념에 눈을 돌리기 시작한 것이다. 전통적인 임상 치료법에다 이런 자연의 건강 기능을 접목한 시도이다. '자연 음악 치료', '원예 치료', '향기 치료' 같은 것들이 그러한 시도들이라고 볼 수 있다. 아무리 좋은 약도 환자 자신의 심리적인 안정, 삶에 대한 확신과 사랑, 굳은 의지 같은 마음자세가 뒷받

침되지 못하면 큰 효과가 없다. 바로 자연과 숲은 환자에게 이런 심리적
효과를 가져다주어 보다 효과적인 치료를 가능케 한다.

세계보건기구(WHO)는 건강한 상태를 "단순히 질병이 없거나 허약한 상
태가 아닌 것뿐만 아니라, 육체적, 정신적, 그리고 사회복리적으로 완전
한 상태"라고 정의하고 있다. 이 정의에 바탕을 둔다면 숲이 인간의 건강
에 끼치는 영향은 지대하다고 볼 수 있다. 매일 아침 또는 주말에 많은 사
람들이 산이나 자연을 찾아 심신을 단련하는 것만 보아도 숲이나 자연이
국민의 건강에 이바지하는 역할은 돈으로 환산할 수 없다. 수백 개의 병
원을 짓는 일보다, 주변의 환경을 쾌적하게 만들고 스트레스나 긴장이 몰
려올 때 숲이나 나무를 바라보면서 안정을 찾을 수 있도록 환경을 조성해
주는 일이 더 중요하다. 숲은 살아 있는 병원이며, 부작용이 전혀 없는 만
병통치약이다. '마지막 잎새'는 더 이상 소설 속 이야기가 아니라 실증된
사실인 셈이다.

좋은 나무 만들기

◆ 박재인, 충북대학교 산림과학부

01 '좋은 나무'란?

우리 주변에는 매우 많은 종류의 나무가 숫자도 다양하게, 모양도 다양하게 있음을 볼 수 있다. 이런 나무들은 어떤 형태로든 우리에게 영향을 주며, 흔히 도움을 주는 것이 보통이다. 이런 영향을 더욱 좋은 쪽으로 주는 나무가 '좋은 나무'라고 할 수 있다. 예를 들면 질이 좋은 목재를 더 많이 생산하는 것, 맛이 좋은 열매를 더 많이 맺는 것, 종이를 만들기에 좋은 펄프 재료를 더 많이 제공하는 것, 병에 안 걸리는 것, 불이 나도 잘 타지 않는 것, 매연에 강한 것, 모양이 좋은 것 등등 사람에게 유익한 것이 좋은 것이다. 너무 인간 중심적이기는 하지만. 그렇다면 이러한 좋은 나무를 어떻게 선발할 수 있을까?

'선발'이란 입학시험에서 우수한 학생을 뽑는 '선발'이란 용어와 같은 의미로 쓰인다. 즉 원하는 형질이 우수한 나무를 골라 이용하고자 하는 것이다.

| 수형목 선발 |　　　좋은 나무를 선발하기 위해서는 모집단이 필요한데 자연 상태에서 자라고 있는 임목들이 그 대상이 된다. 예를 들어 소나무를 선발하려 할 경우는 전국 각지의 산을 돌아다니며 우수한 소나무를 고르는 것이다. 이렇게 해서 선발된 나무를 '수형목'(秀型木)이라고 하며, 이 수형목을 고시하여 특별 관리를 하게 된다. 그리고 수형목으로부터 접붙이기나 꺾꽂이에 필요한 가지(접수·삽수)를 채취하여 증식시킨 다음 클론(clone, 어미 나무와 같은 유전형질을 갖는 나무의 집단) 보존원과 채종원(採種園)을 조성한다.

'클론 보존원'은 수형목으로부터 무성번식(영양번식)한 개체들을 관리하기 용이한 지역에 심어놓고 이용하는 지역을 말한다. 수형목은 대체로 높은 산에 위치하는 경우가 많으므로 관리도 어렵고 시료를 채취하기도 어려우므로 가까운 곳에 유전적으로 똑같은 여러 그루의 나무를 심어놓으면 여러모로 편리하다. 만약 원래의 수형목이 소실된다고 해도 그 유전형질을 보존할 수 있다. 우리나라에도 우량한 나무들이 많이 있으므로 이들을 잘 활용하면 산을 더 울창하게 할 수 있다. 그 유전자는 그대로 살아 있게 되므로 계속 이용할 수 있는 것이다.

| 자식을 보면 어미를 안다 |　　수형
목들은 현재 자라고 있는 곳에서 잘
적응한 나무들이다. 그러나 그 나무
가 유전적으로 우수한 것인지는 검
정을 실시해야 알 수 있다. 즉 여러
그루의 수형목으로부터 채취한 종자
를 이용하여 길러낸 묘목들을 일정
한 장소에 심어놓고 자라게 한 후,
환경이 다른 곳에서도 우수한 형질
을 나타내는지 알아보는 과정이다.

그림1　**우수한 형질을 지닌 유칼리나무**

우수한 나무는 우수한 소질을 자식에게 물려준다는 유전 현상을 이용하
는 것이다.

| 채종원 |　　수형목을 영양번식으로 증식시켜 일정 지역에 심어놓고
종자를 채취하는 나무의 집단을 '클론 채종원'이라 한다. 영양번식에 의해
얻은 것이므로 원래의 나무와 같은 유전형질을 가지며, 그 나무로부터 얻
는 종자는 좋은 자식 나무를 만들 것이다. 채종원은 외관상 과수원과 흡
사하게 보이는데, 과수원이 과일을 따기 위해 심어놓은 과일나무의 집단
이라면 채종원은 종자를 따기 위한 것이라는 점이 다르다. 물론 이에 따
라 나무의 종류도 다르다. 사과·배·복숭아 등 과수원에서는 과일이 생
산되는 데 반해 채종원에서는 소나무·잣나무·낙엽송과 같이 과일이 생
산되지 않는 것이 보통이다.

유전형이 서로 다른 개체 사이에 꽃가루받이를 시켜 잡종을 만드는 것을
'교잡'이라 하는데 여기에는 '형질 결합'과 '잡종강세'의 이용 두 가지가
있다.

먼저 형질 결합은 양친이 서로 다른 바람직한 형질을 각각 갖고 있을
때, 교잡을 통해 이 두 가지 형질을 모두 가진 개체를 만들어내는 것을 말
한다. 예를 들어 한쪽은 생장력이 좋고 한쪽은 내한성(耐寒性)이 좋을 때,
교잡을 통해 생장력도 좋고 내한성도 좋은 새로운 잡종을 만들어내는 것
이다. 리기다소나무의 내한성과 테다소나무(미국에서 들여온 소나무의 일
종)의 생장력을 결합시킨 것은 그 좋은 예이다.

그리고 잡종강세는 두 양친 중 한쪽보다 자손이 나은 형질을 갖게 되
는 것을 말한다. 임목에서 잡종의 형질은 양친의 중간 정도의 형질을 나
타내는 것이 보통이다. 리기다소나무와 테다소나무의 잡종인 리기테다소
나무의 경우, 내한성에서는 리기다소나무보다는 못하고 테다소나무보다
는 우수하며, 생장력에 있어서는 리기다소나무보다는 우수하지만 테다소
나무보다는 못한 현상을 볼 수 있다. 그러나 경우에 따라서는 양친 중 어
느 쪽보다도 우수한 형질을 나타내는 경우도 있다.

나무들이 원래 자라고 있는 지역을 벗어나 다른 지역에 옮겨 심는 것을 '도입'이라고 할 수 있으나 흔히 국가를 달리하여 옮겨 심었을 때를 가리키는 경우가 많다. 즉 미국이나 일본이나 독일 등지에서 우리나라로 옮겨와 심는 경우를 보통 도입이라고 한다. 임목뿐만 아니라 식용 작물이나 원예 작물, 가축에서도 새로운 종이 도입된 예를 많이 찾아볼 수 있다. 예컨대 벼의 원산지는 남아시아의 열대·아열대 지역이며, 고구마, 토마토, 젖소, 돼지, 닭, 그리고 각종 화훼류 등 수많은 생물들이 도입되어 이용되고 있다.

그럼 이러한 도입은 왜 필요할까? 재래종은 오랫동안 환경에 적응해왔기 때문에 일반적으로 도입종보다 더 잘 자랄 수 있지만 경우에 따라서는 도입종이 우수한 형질을 나타낼 수가 있다. 일정 지역에서 잘 적응된 나무들이라 해도 외국에서 침입한 병충해로 인해 매우 치명적인 피해를 입는 경우가 있는데, 이 같은 경우에는 도입종이나 개량종에 의해 대치되어야 한다. 또한 재래종으로는 조림할 만한 수종이 없는 경우가 있으므로 이럴 때도 다른 수종으로 대치할 필요가 있다.

이러한 도입 대상종을 수집할 경우에는 문헌을 조사한 후 당사국의 연구자들과 연계하여 종자나 접수·삽수를 수집하는 것이 보통이다. 그리고 도입된 나무는 일반 묘목 배양 방법을 통하여 기른 다음 조림지에 옮겨 심고 관리하면서 월동 상황과 생육 상황을 조사하는 검정 과정을 거치는데, 이때 비교 대상으로서 향토 수종을 함께 심는다. 우리나라는 추운 겨울을 나야 하기 때문에 따뜻한 곳에서 자라던 나무들은 겨울을 나기가 어려워 실패하는 것이 많으며, 삼나무와 편백처럼 남부 지방에서만 자랄 수 있는 것도 있다. 이처럼 전국적으로 자랄 수 없다 하더라도 지역에 따라 맞는 나무를 선택하여 이용할 수도 있다.

이러한 도입의 성공적인 예로 리기다소나무와 테다소나무, 스트로브잣나무 등을 들 수 있다. 이 나무들은 북미에서 도입되어 성공한 수종들이다. 그리고 이태리포플러는 이탈리아에서, 낙엽송이나 삼나무, 편백, 밤나무, 패총향나무, 일본목련 등은 일본에서 들여와 성공한 것이다.

물론 우리나라에서 수종을 도입하기만 하는 것은 아니다. 우리나라 나무 중에는 외국에 가서 성공한 예도 있다. 한라산, 지리산, 덕유산의 높은 지대에 자생하는 구상나무는 북유럽에서 조경수로 호평을 받고 있으며, 노각나무는 미국으로 건너가 개량되어 더욱 좋은 나무가 되기도 한다. 그리고 우리나라에서 교잡 육종에 의해 얻은 현사시나무는 호주에서 잘 적응하는 것으로 알려져 있다.

돌연변이에 의한 육종

'돌연변이'란 생물체가 살아가는 동안 어떤 원인에 의해 유전자에 변화가 일어나 다른 형질을 갖게 되는 것을 말한다. 이러한 돌연변이는 유전이 되며, 이러한 성질은 원예에서 많이 활용되고 있다.

돌연변이에도 여러 종류가 있다. 염색체 수준에서의 변이(수, 구조의

변이)나 유전자(DNA) 수준에서의 변이가 있고, 유발되는 원인에 따라 자연 상태에서 알 수 없는 원인에 의하여 일어나는 '자연 돌연변이'와 사람이 인위적으로 일으키는 '인위 돌연변이'가 있다. 인위적으로 돌연변이를 일으키기 위해서는 정상적인 환경을 벗어난 환경을 만들어주어야 한다. 즉 스트레스를 주어서 유전자에 변화가 일어나게 한다거나, 화학약품을 쓴다든지 방사선을 쏘인다든지 하는 등의 방법이 있다.

자연 돌연변이가 일어난 것을 자연 상태에서 선발하여 육종에 이용할 수 있다. 물론 돌연변이가 일어나면 우리가 이용할 수 있는 형질에 대한 돌연변이도 있지만 나쁜 쪽으로의 돌연변이가 더 많이 일어난다고 볼 수 있는데 생존이 어렵게 된 생물들은 도태되어 사멸하게 된다. 인위적으로 돌연변이를 일으키는 방법 역시 이 모든 것이 나타나기 때문에 그중에서 유용한 것을 찾아 이용해야 한다.

화학약품이나 방사선을 사용하여 돌연변이를 유발하는 방법은 유용한 돌연변이체를 얻기가 힘든 것이 현실이다. 반면 자연 상태에서 발견되는 돌연변이체는 오랫동안 견디면서 생존해온 것이므로 쉽게 이용할 수가 있다.

06 저항성에 의한 육종

생물은 살아가면서 환경의 영향을 받는 것이 필연적인데, 이들 환경은 정도에 따라서 생물의 생존을 좌우하기도 하고 생장에 크게 영향을 주기도 한다. 이렇듯 생물이 특정 환경에 잘 견디는 정도를 '저항성'이라고 한다.

예를 들어 우리나라는 겨울에 매우 춥기 때문에 낮은 온도가 식물의 분포에 영향을 주는데 이때 추위에 견디는 정도를 '내한성'이라고 한다. 그리고 건조에 견디는 정도를 '내건성', 염분에 견디는 정도를 '내염성', 병해에 대한 것은 '내병성', 충해에 대한 것은 '내충성', 공해에 대한 것은 '내공해성'이라고 한다.

그렇다면 이러한 저항성 개체를 선발하여 육종에 이용할 수가 있다. 저항성 개체는 나쁜 환경에서도 살아남는 개체를 선발하는데, 예를 들어 솔잎혹파리가 만연되어 있는 곳에서 다른 나무는 모두 피해를 입고 있는데 일부 개체만 건전하다면 이를 잠재적인 저항성 개체로 판단한다. 물론 진정으로 저항성이 있는지는 이 나무에 솔잎혹파리를 키워보아야 알 수 있다. 그리고 내건성이나 내염성 개체도 그 환경을 인위적으로 만들어주고 살아남는 것을 선발하게 되는데, 이러한 환경을 마련하기 위해서는 여러 가지 장치가 필요하다. 저항성의 판단은 50퍼센트가 생존하는 수치를 기준으로 한다.

생물공학에 의한 육종

07

'생물공학'이라는 용어는 최근에 참으로 많이 쓰이는 말이다. '생물' (biology)과 '기술'(technology)이 합성되어 이루어진 말로, 이에 대한 정의는 아직까지도 잘 정립되어 있지 않다. 흔히 '생명공학'이라는 말도 비숫한 뜻으로 쓰이고 있으며, '유전공학'이라는 말도 많이 사용되고 있는데 엄밀히 말하면 생물공학의 몇 가지 분야 중 유전자 조작 기술에 한정하여 쓰이는 말이므로 생물공학보다는 좀 더 좁은 의미라고 할 수 있다. 생물공학은 유전자 조작 기술뿐만 아니라 조직배양 기술, 생물반응기(bioreactor) 기술, 세포융합 기술 등 네 가지를 모두 포함한 기술을 말하는 것이 보통이다.

| 조직배양 기술 |　　　식물체의 일부 또는 전체를 배양 용기에서 키울 때 성공 여부는 크게 세 가지가 영향을 미친다. '배지'(培地)와 '환경'과 '배양 재료'가 그것이다. '배지'는 키우려는 재료에 영양과 수분을 공급하는 것으로, 야외에서 보면 토양에 해당하고 화분에서 보면 배양토에 해당한다. '환경'은 빛(광질·조도·광주기)과 온도가 주로 관계된다. 여기서 광질(光質)은 형광등을 켜주느냐 백열등을 켜주느냐 하는 것이고, 조도(照度)는 빛의 양 혹은 밝기, 광주기(光週期)는 하루 중 빛을 비추는 시간이다. 그리고 '배양 재료'는 어떤 식물체의 어떤 부위를 언제 채취하여 어떻게 소독하고 배양하느냐 하는 문제이다. 이 세 가지 조건들은 목적에 따라 조절해주어야 한다. 즉 줄기를 많이 발생시키려 하는 것과 뿌리를 많이 내리게 하려는 것은 다른 조건을 주어야 한다는 것이다. 목적에 맞는 조건을 찾는 것이 바로 연구이고 성공 여부를 결정짓는 요소이다.

① 조직배양을 통한 증식
식물의 일부를 배지가 들어 있는 용기 안에서 배양하는 것을 '조직배양'이

라고 한다. 식물은 동물과는 달리 일부가 전체를 형성할 수 있는데 이러한 능력을 '전형성능'(全形成能, totipotency)이라고 한다. 조직배양을 통해 대량 증식을 할 때는 식물의 눈을 배양하는 것이 일반적으로 가장 용이하다. 식물의 조직배양을 위해서는 몇 가지 단계를 거치는데 정착 단계, 증식 단계, 발근 단계, 경화 단계가 그것이다.

'정착 단계'는 식물체의 일부를 식물로부터 떼어내 표면을 소독하고 배양 용기에 넣어 정착시키는 단계이다. 용기의 내부는 무균 상태를 유지해야 하기 때문에 배양하고자 하는 재료를 소독해야만 한다. 소독 시약으로는 알코올, 과산화수소수, 차아염소산 소다, 차아염소산 나트륨 등이 쓰인다. 적절한 농도의 소독액으로 적절한 시간을 소독한 다음 물기를 제거하고 배지에 심어 배양한다. 며칠이 지나 표면 살균이 잘되고 재료의 조직이 죽지 않았다면 새 조직이 자라나게 되어 무균 재료가 얻어진다.

눈이 자라서 줄기가 되면 줄기에 여러 개의 눈이 생기게 된다. 이를 처음에 했던 방법대로 눈을 분리하여 배지에 다시 심을 수가 있는데 이때는 이미 무균 상태이므로 다시 소독할 필요는 없다. 배양 용기 내에서 배양할 경우 눈이 없던 위치에서도 눈이 생기게 되는데 이를 '부정아'(不定芽)라고 한다. 부정아는 다시 배양 기간을 거쳐 줄기로 자랄 수 있기 때문에 증식이 가능하다. 또 부정아는 하나만 생기는 것이 아니고 여러 개가 생겨 빠른 속도로 증식시킬 수 있다. 이러한 증식 단계에서 사용하는 배지에 시토키닌(cytokinin)이라는 생장조절물질을 넣어주면 부정아의 형성에 도움이 된다.

'발근 단계'는 증식이 이루어진 줄기가 뿌리를 내리는 단계이다. 이때 발근 촉진에 효과가 좋은 생장조절물질을 배지에 첨가하면 발근율을 높일 수 있다. 뿌리가 내리게 되면 시험관 내에서 작은 식물체가 되는데, 이것이 자라면 큰 나무가 될 수 있기 때문에 묘목을 대량으로 얻는 수단이 될 수 있다. 용기 내에서 발근시키는 단계를 단축하기 위해, 시험관 내에서 증식된 줄기를 사용하여 온실에서 꺾꽂이 방법을 써서 발근시키면 다음 단계인 경화 단계와 병행할 수도 있다.

시험관 묘목은 온도 변화가 적은 환경에서 자라왔기 때문에 외부 환경에 적응력이 매우 약하다. 따라서 온실에서 적응 단계를 거친 후에 밭에 옮겨 심어야 하는데 이 단계를 '경화 단계'라고 한다. 온실에는 소독된 배양토를 사용하고 높은 습도를 유지해주어야 하며 온도 변화도 적게 해주어야 한다. 보통 4주 정도가 지나면 경화(硬化)가 이루어지며 그 후 온실에서 생장시킨 후 밭에 이식하게 된다.

② 부정배를 통한 증식

'배'(胚, 씨눈)라는 것은 암컷 배우자(난세포)와 수컷 배우자(정핵)가 만나 수정됨으로써 생기는 것으로, 커서 줄기가 되는 부분과 뿌리가 되는 부분이 생겨 있으며 종자 내의 핵심 부분을 차지하고 있다. 이것이 커서 자손 나무가 되는 것이다.

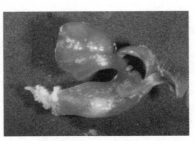

그림2 **자라서 식물체가 될 수 있는 체세포의 배**

그런데 조직을 배양하여 배를 발생시킬 수도 있으니 이를 '부정배'(不定胚)라고 한다. 배가 생기지 않을 곳에서 생겼기 때문에 붙은 이름이다. 부정배는 어린 조직을 이용할 경우에 잘 생기며, 수정을 거쳐 일어난 것이 아니기 때문에 무성번식의 수단으로 이용될 수가 있다. 그러나 문제는 부정배를 발생시킬 수 있는 시기가 제한되어 있어 쉽지 않고, 정상적이지 못한 배가 같이 발생되며, 배가 생긴 다음 큰 식물체로 생장하는 과정에서 도태되는 것이 많다는 것이다.

③ 생식세포 배양을 통한 순계 육성

생식세포(꽃가루와 밑씨)의 염색체 수는 체세포의 절반이다. 이것은 배우자와 결합하여 체세포를 형성할 때 염색체 수가 늘어나지 않도록 하기 위해서다. 수나무는 수컷의 생식세포를 만들고 암나무는 암컷의 생식세포를 만들며, 암·수꽃이 모두 피는 나무는 암·수컷의 생식세포를 모두 만든다.

이런 생식세포를 배양 용기에 배양하여 식물체를 얻으면 반수체(n)가 되는데 염색체 수가 보통 식물의 절반인 개체임을 뜻한다. 반수체는 대립유전자가 없이 한쪽의 유전자만을 갖고 있는 것이 특색이다. 반수체 식물에서 염색체를 배가시키면 염색체 수가 두 배로 되는데 숫자상으로는 보통의 식물체와 같아진다. 그러나 다른 식물체와는 유전자가 다른데, 한쪽의 유전자만을 두 배로 했기 때문에 각 쌍의 유전자는 모두 똑같은 것이 생긴다. 이것을 '순계'(純系)라고 부른다.

자연 상태에서 순계는 7~8대(代) 정도 제꽃가루받이(자가수분, 한 나무에 암·수꽃이 모두 필 경우 자신의 암·수 생식세포끼리 교잡하여 종자를 맺는 것)하여 얻을 수 있는데, 나무의 경우 종자에서 꽃이 필 때까지 10년 정도 걸린다고 볼 때 70년 내지 80년이 걸린다는 계산이 나온다. 그러므로 이런 장기간에 걸친 연구를 하기란 현실적으로 어려운 일이다. 그런 반면 생식세포를 인공적으로 배양하는 방법은 빠르면 1년 안에도 순계를 얻을 수 있다.

| 생물반응기 기술 |　　　　'생물반응기'(bioreactor)란 세포를 액체 배지에서 배양하는 배양조를 말하는 것으로 유리그릇의 일종이라고 할 수 있다. 세포 단계에서 연속적으로 생장시키면서 거기서 나오는 물질을 이용하는 등 여러 가지 목적에 이용할 수 있다. 세포도 숨을 쉬기 때문에 산소를 공급한다든지, 또 영양분을 계속적으로 공급해야 하기 때문에 그 배양액을 갈아준다든지, 배양액 내에서 그대로 두면 세포들이 밑으로 가라앉아 영양 공급이 제대로 되지 않기 때문에 계속 저어줘야 한다든지, 또 배양기의 모양에 따라 세포의 생존이나 생장이 달라지기 때문에 적당한 모양으로 만들어주어야 한다든지 하는 등의 복잡한 연구가 이루어지지 않으면 안 된다.

이 기술은 근래 천연물 이용에 대한 관심이 높아지면서 중요한 분야로 부각되고 있다. 임목육종연구소에서 개발한 택솔(taxol) 생산 기술도 여기에 속한다. 택솔은 주목의 수피(나무껍질)에서 얻을 수 있는 항암제로 너무나도 소량이 얻어지기 때문에 많은 주목나무가 소요되는데 이 나무는 빨리 자라는 나무가 아닌 것이 문제이다. 그런데 임목육종연구소에서는 주목의 씨눈(배)에 이 택솔이 들어 있음을 알고 이를 세포 배양하여 단

기간 내에 대량 생산하는 방법을 개발한 것이다.

| 세포융합기술 |　　　　한마디로 세포 안에는 그 생물의 유전자가 모두 들어 있다고 할 수 있다. 모든 생물은 세포로 구성되어 있고 한 개의 세포 안에는 그 생물의 특성을 나타내는 유전자가 들어 있는데, 따라서 세포 하나는 그 생물체의 바탕이 되는 모든 것이 들어 있는 유전 단위라고 할 수 있다. 세포 한 개가 그 생물체를 대표한다고 할 수 있을 만큼 세포는 중요한 것이다. 자연 상태에서 교잡이 일어날 때도 서로 합쳐지는 것은 정핵과 난세포로, 역시 세포 단위에서 이루어진다.

그런데 자연 상태에서의 교잡은 인간이 제어하기가 어려운 점이 있다. 인공 꽃가루받이를 하더라도 꽃가루를 옮겨주어 충분한 꽃가루를 공급해 주는 데 불과하며, 그것도 서로 맞아야 수정이 이루어지기 때문이다.

우리 인간은 종(種) 간, 속(屬) 간, 또는 과(科) 간의 장벽을 깨려는 노력을 계속해왔는데 그중 하나가 바로 '세포융합'이다. 세포융합은 말 그대로 다른 세포끼리 합치게 하는 것이다. 꽃가루의 이동으로 자연 상태에서 일어나는 교잡은 가까운 것끼리만 일어난다는 한계가 있지만 세포융합으로는 합치기가 비교적 쉽다. 즉 가까운 사이가 아니더라도 서로 잘 합쳐 진다는 얘기다. 심지어는 쥐의 세포와 사람의 세포도 잘 합쳐지므로 얼마나 쉽게 합쳐지는지 알 수 있다(쥐와 사람의 잡종이 생긴다면 얼마나 끔찍한 일일까). 그런데 식물 세포는 동물 세포와 달리 세포벽을 갖고 있다. 이 세 포벽은 세포융합을 하는 데 장애가 되므로 일단 세포벽을 제거한 후에 융 합시켜야 한다.

| 유전자 조작 기술 |　　　유전자를 절단하여 이를 다른 식물체의 유전자에 끼워 넣음으로써 새로운 형질을 갖도록 할 수 있는데 이를 '유전자 조작'이라고 한다.

이렇게 절단한 유전자를 식물체 내로 삽입하게 되는데, 그 방법은 여러 가지가 개발되어 있으나 주로 아그로박테리움의 일종인 근두암종병균 (*Agrobacterium tumefaciens*)이라는 토양 미생물을 이용한다. 이 균은 나무의 밑동에 혹을 만드는 균인데, 혹이 생긴다는 것은 바로 혹을 만드는 유전자가 미생물에서 나무로 옮겨갔기 때문이다. 이런 성질을 이용하여 도입하고 싶은 유전자를 식물체로 집어넣을 수 있는 것이다. 실제로 나무에 도입된 유전자의 예로는, 제초제에 견디는 성질을 갖게 한다거나 항생제에 내성을 갖게 한다거나 환경오염 물질을 나무가 흡수하게 하는 유전자 등이 있다.

펄프 · 제지 산업과 바이오기술의 응용

◆ 박종문, 충북대학교 산림과학부

생명과학(life science)은 생물의 기능과 특성을 겸손하게 배우고 이용하는 자연적이고 친환경적인 학문이다. 생명 현상은 유전, 번식, 성장, 자기 제어, 물질 대사, 정보 인식 및 처리 등의 기능이 숨겨져 있는 오묘한 현상들인데, 이를 연구·이해하고 응용하는 학문이 곧 생명과학인 것이다.

그리고 생명공학(biotechnology)은 생물의 기능 또는 특성을 이용하여 여러 가지 기술과 산업에 응용하는 공업적 기술로 유전공학, 발효공학, 세포공학(세포융합 기술), 세포배양공학 등 광범위한 내용을 포함한다. 생명공학은 자연과학, 의학, 약학, 공학은 물론 농학의 각 분야에 관계되어 있어서 서로 간의 긴밀한 협조 없이는 효율적인 발전을 기대할 수 없다. 학문적 발전만이 아니라 현대인들의 의료, 건강, 식품, 에너지, 환경 등에 다양하게 관계되어 있으며 이들 분야에 획기적인 발전을 가져다줄, 인류가 갖고 있는 유일한 미래의 희망이라고 볼 수 있다. 이러한 생명공학은 바이오기술을 기본으로 하고 있으며, 생명 산업은 바이오산업으로서 매우 빠르게 발전하고 있다.

생명과학과 생명공학을 응용한 바이오농업은 단순히 농사만 짓는 옛날의 농업이 아니라, 혁신적인 기술을 필요로 하는 최첨단 과학으로서 매우 인기 있는 분야이다. 바이오농업의 발전은 곧 공업화 및 산업화로 연결되며, 인류가 직면한 식량 부족, 환경 파괴 문제의 해결, 난치병에 대한 특효약 개발 등 다양한 혜택을 인류에게 안겨준다. 예를 들어 유전공학을 응용한 최초의 바이오농업 식물은 토마토였다. 토마토가 숙성하면 연하고 무르게 하는 효소(펙티나아제)가 있는데, 이 효소의 유전자에 그 작용을 억제하는 다른 유전자를 도입해 오랫동안 토마토를 단단하고 신선하게 유지시켜줄 수 있게 되었다. 이 토마토는 1994년 5월 미국에서 판매되기 시작하였다.

이러한 바이오농업에는 여러 분야가 있는데, 여기서는 펄프·제지 산업에 대한 바이오기술의 응용에 대하여 설명하고자 한다.

02
나무와 물의 어울림, '종이'의 과학

펄프·제지 산업은 종이의 원료가 되는 섬유 뭉치인 펄프를 만들고 또 이를 원료로 종이를 만드는 산업을 말한다.

인류에게 종이는 생활에서 떼려야 뗄 수 없는 중요한 재료이다. 종이 없이 하루를 어떻게 보내겠는가? 아침에 일어나면 신문을 보고, 학교에 가서는 교과서와 노트를 사용하며, 집에 와서는 선물을 포장한 포장지를 벗겨내 안에 들어 있는 상품을 꺼낸다. 용돈이 필요하다고 부모님께 말씀드리면 종이로 된 지폐를 주시며, 옛날 생각이 날 때면 할아버지, 할머니가 있는 앨범을 뒤적이기도 한다. 이처럼 종이는 다양한 용도로 만들어낼 수 있는, 값싸고도 매우 중요한 재료이다.

종이의 원료는 '섬유'(fiber)이다. 섬유는 다년생 나무나 일년생 풀에서 얻게 되는데, 대부분 나무로 만든다. 종이를 손으로 찢어 밝은 형광등빛에 비춰보면 그 찢어진 부분에서 보푸라기 실처럼 보이는 것이 있는데 이것이 바로 섬유이다. 섬유는 대략 1~5밀리미터 안팎의 길이를 갖는다. 침엽수에서 얻는 섬유는 약간 길어서 3~5밀리미터이고, 활엽수에서 얻는 섬유는 1밀리미터 정도로 약간 짧다.

섬유들이 솜처럼 많이 모여 있는 것이 '펄프'(pulp)이다. 펄프를 만들기 위해서는 나무를 작은 조각으로 잘라 큰 통에 넣고 약품을 섞어 넣은 후 고온·고압에서 찐다. 그러면 섬유와 섬유를 결합해주던 접착제 같은 리그닌(lignin) 성분이 녹아나가고 종이의 원료로 사용할 수 있는 섬유가 만들어진다. 흰색의 종이를 만들 때는 펄프를 표백한 후 종이를 만들고, 약간 갈색의 종이를 만들 때는 표백을 하지 않고도 사용할 수 있다. 이러한 펄프 1그램에는 수백만 개의 섬유가 들어 있다.

그림1 **종이의 원료인 섬유**

자, 그러면 종이를 만드는 과정을 알아보자. 먼저 섬유에 많은 물을 붓고 저어주면서 얇은 매트처럼 뽑아낸다. 그리고 여기서 물을 빼내주고 건조시키는데, 물을 쉽게 빼내기 위하여 처음에는 그물망 같은 곳 위에 넓게 펴주고 꽉 눌러준다. 그리고 마지막으로 뜨거운 실린더 표면에 눌러서 종이를 만든다. 사용하는 원료와 생산 과정을 달리함으로써 다양한 용도의 종이를 만들 수 있다.

03 펄프·제지 산업에 바이오기술이 어떻게 응용되는가?

펄프·제지 산업은 에너지를 많이 사용하는, 그리고 매우 많은 돈을 투자하여 기계를 설치해야 하는 산업이다. 따라서 에너지를 절약하고 효율적으로 종이를 만들어내고자 다양한 노력을 하고 있다.

미국에서는 바이오기술의 발달이 펄프·제지 산업에 어떤 영향을 끼치는지를 분석하는 두 단계의 프로젝트가 진행된 적이 있었다. 첫 번째 단계에서는 펄프·제지 회사의 생산원가에 미치는 생명공학의 영향을 분석하였고, 두 번째 단계에서는 해외 경쟁업체들이 생명공학을 응용하였을 때 자국 회사의 경쟁력의 변화를 예측·분석하였다.

먼저 펄프의 원료인 나무, 즉 원목의 공급가격 측면에서 연간 임목 생장 속도, 펄프수율, 목재 비중, 약품 소요량 변화를 분석하였다. 그리고 섬유의 특성을 알아보기 위하여 섬유 길이, 거칠음도(coarseness), 세포벽 두께, 섬유의 강직성 또는 피브릴 각도를 측정하였다. 또한 바이오기술을 통하여 똑같은 섬유와 목재를 생산할 수 있다면 더 유리할 것이므로, 섬유의 균일성과 목재의 균일성에 따른 펄프 생산 효율 향상 또는 펄프의 손실 감소를 측정하였다. 그 분석 결과에 따르면, 생명공학 발전에 따라 환경 친화적으로 생산원가를 더욱 절감할 수 있고 경쟁력도 더 향상된다고 판단되었다.

임목 생장 속도	매년 자라나는 나무의 부피(m^3) 또는 무게(kg/m^3)가 증가하면 임목 생장 속도가 높게 되는데, 동일한 품질의 목재라고 가정하면 임목 생장 속도가 높을수록 바람직하다. 가로·세로·높이로 환산하여 서로 곱하면 생산되는 나무의 부피가 나오고, 동일한 부피라 하더라도 충실한 목재가 생산되면 무게가 더 무거워진다.
펄프수율	목재 1킬로그램에서 생산할 수 있는 펄프의 양을 백분율로 표시한 것. 예를 들어 목재 1킬로그램으로 0.6킬로그램의 펄프를 생산했다면 펄프수율은 60퍼센트이다.
목재비중	목재의 단위 부피당 무게.
약품 소요량	펄프를 생산할 때 소요되는 약품의 양.
섬유 길이	개별 섬유의 길이로 평균값을 측정할 수 있다.
거칠음도(coarseness)	약 1~3밀리미터 길이의 섬유를 100미터가 되도록 서로 연결해두었을 때 섬유들의 무게로, 거칠음도가 상승하면 세포벽이 두껍다는 뜻이다.
세포벽 두께	한 개의 섬유는 한 개의 세포인데, 각각의 두께가 세포벽 두께이다.
섬유의 강직성	섬유의 빳빳한 정도를 말한다.
피브릴 각도	'피브릴'이란 섬유를 구성하는 실 모양의 셀룰로오스 분자로, 밧줄을 꼬았을 때 꼰 실의 방향을 측정할 수 있듯이 섬유를 미세 현미경으로 보면 마이크로 피브릴이 꼬아져서 섬유가 이루어져 있음을 알 수 있는데, 그 피브릴이 섬유의 중심축과 이루는 각도를 '피브릴 각도'라고 한다.
평량	종이의 중요한 특성으로, 1제곱미터당 무게(그램)를 뜻한다. 단위는 g/m^2.

표1 펄프·제지 산업의 주요 용어 설명

바이오기술을 응용한 사례를 보면, 남미 브라질에 있는 펄프 공장에서는 활엽수인 유칼립투스의 성장 속도를 증가시켜, 펄프 생산 비용을 절감하고 생산 효율과 펄프의 품질을 향상시키는 경험을 하였다. 또 칠레와 뉴질랜드에서는 침엽수를 심어서 높은 성장 속도를 실현하였다.

04 바이오기술의 **구체적인** 응용 분야

예전에는 산림업에서 미생물은 골치 아픈 존재였다. 예를 들어 나무가 썩고 색이 변하거나, 제지 회사에서 슬라임 문제가 발생하기도 하였다. '슬라임'(slime, '끈적하다'는 뜻)이란 제지 회사의 배관 파이프 안에 미생물에 의해 발생한 끈적끈적한 물질이 쌓이는 것으로, 꽤나 골칫덩어리가 되었었다. 하지만 이젠 바이오기술을 응용함으로써 미생물로부터 배운 아이디어와 기술로 오히려 도움을 받게 되었다.

펄프 · 제지 산업에서는 생명공학이 발전하기 시작한 1970년대부터 생명공학 기술을 응용하기 시작하였다. 섬유소와 리그닌의 복합체인 목재 또는 섬유를 원료로 하는 펄프 · 제지 산업에서는 의학이나 약학과 같이 값비싼 바이오기술을 소량으로 이용하는 것이 아니라, 바이오기술을 통해 생산한 값싼 효소 등을 대량으로 이용한다. 참고로 목재의 성분을 보면, 목재는 섬유소, 헤미셀룰로오스, 리그닌, 기타 추출물로 구성되어 있는데, 섬유소(셀룰로오스라고도 한다)는 섬유의 골격을 말하며, 리그닌은 섬유와 섬유가 결합하도록 해주는 접착제 같은 것이다. 추출물은 물로 우려낼 수 있는 기타 물질로서, 특수한 나무에서 특수한 성능을 가진 성분을 빼낼 수도 있으며, 항암물질을 추출하는 경우도 있다. 헤미셀룰로오스는 섬유소보다 적은 분자량을 가진 화합물로, 펄프를 만드는 과정에서 대부분 녹아 빠져나간다.

목재로부터 펄프를 만드는 펄핑 과정과 표백 과정, 그리고 종이를 만드는 초지 공정 등에 이용되는 바이오기술은 최근 10년 정도 내에 개발된 생명공학 기술을 응용하고 있으며, 최근 들어서는 획일적인 응용이 아니라 공장마다 독특하게 원하는 대로 맞춰주는(tailor-made) 기술적 응용도 가능하게 되었다.

| 칩 저장 공정에 응용 |　　펄프를 만들기 전에 나무를 베어 작은 조각으로 잘라내는데, 이와 같은 조각을 '칩'(chip)이라고 한다. 펄프를 생산하기 전에 이 칩을 장기간 외부에 쌓아두고 필요시에 가져다 쓴다. 기계적인 에너지를 사용하여 펄프를 만드는 기계펄프 생산 공정에서는 리그닌을 제거하는 데 바이오기술을 적용함으로써 에너지를 20~30퍼센트 절감할 수 있었다. 또 화학적인 에너지를 사용하여 펄프를 만드는 화학펄프 생산 공정에서도 필요한 화학약품의 소모량을 절감할 수 있었다. 그리고 바이오기술을 사용하였을 때 펄프 생산량이 30퍼센트 향상되는 결과를 얻기도 하였다. 대개 백색 부후균을 이용하되, 섬유소 분해효소가 적게 들어 있는 균주를 활용하는 것이 유리하다. 백색 부후균이란 나무를 하얗게 썩게 만드는 균으로, 섬유소는 흰색을 띠고 리그닌은 갈색을 띠는데 백색 부후균이 리그닌을 먹어 없애기 때문에 나무가 하얗게 되는 것이다.

| 피치 제거 |　　　펄프·제지 공장에서 목재 내에 존재하는 끈적끈적한 수지성 물질(피치)은 문제를 일으킨다. 전통적인 방법으로 목재 칩을 장시간 외부에 노출하여 쌓아두는 것은 피치 제거에는 도움이 되나, 수율이 떨어지고 백색도(종이가 얼마나 흰지를 말하는 정도로, 완벽하게 백색이면 100퍼센트의 값을 갖는다)가 저하되는 문제가 발생하므로 주의하여야 한다. 리파아제와 같은 효소의 사용으로 피치 제거에 효과가 컸다.

| 펄프 표백 |　　　백색도가 높은 종이를 생산하기 위해서는 펄프를 표백해야 한다. 예전에는 염소 또는 염소화합물을 사용하였으나 이것이 환경 오염의 원인으로 밝혀지면서 점차 사용이 제한되어 다양한 친환경 표백 기술이 발전하게 되었다. 예를 들어 백색 부후균, 리그닌 과산화효소(LiP), 자일라나아제, 라카아제와 산화환원 매개체, 망간 과산화효소(MnP), 셀로비오스-탈수소효소(CDH) 등을 이용하는 방법이 있다.

| 폐지 재생을 위한 효소 탈묵 |　　　폐지를 다시 사용하기 위해서는 잉크를 빼주어야 한다. 폐지로부터 잉크를 빼주는 것을 '탈묵'이라고 부르는데, 예전에는 탈묵을 위해 가성소다, 규산염, 과산화물을 사용하였다.

　　코팅이나 새로운 형태의 잉크는 합성 고분자를 사용하므로, 부유부상이나 세척에 의해 잉크가 제거될 수 있도록 잉크 크기가 큰 상태로 종이 표면으로부터 떼어내는 기술이 중요하게 되었다. 잉크 크기가 작아지면 나중에 분리하기가 어렵기 때문이다. 부유부상법이란, 물에 폐지를 풀어주고 밑에서 공기방울을 공급해주면 섬유로부터 떨어져나온 잉크가 공기

방울에 부착되어 표면으로 떠올라오게 되는데 이를 걷어내 잉크를 제거하는 방법이다. 소비되는 물의 양이 적으므로 우리나라와 같이 물을 절약하고자 하는 나라에서 많이 사용한다. 그리고 세척법이란, 물에 폐지를 풀어주고 반복적으로 물로 씻어주는 방법으로 물이 많이 소비되는데 미국 등에서 많이 사용하고 있다.

잉크가 쉽게 떨어지게 하기 위해서는 잉크의 종류와 건조 방식, 인쇄 방법, 종이의 사용 기간에 따라 각기 다른 기술을 적용해야 한다.

이 탈묵 과정에 바이오기술을 적용한 것으로 효소를 이용한 탈묵 방법이 있다. 종이를 이루고 있는 섬유 표면으로부터 잉크를 떼어내기 위해서는 이후 공정인 세척법 또는 부유부상법에 의해 제거가 되도록 과산화효소와 라카아제를 사용한다. 다른 방법으로는 리파아제 같은 에스테르 가수분해효소를 사용하여 잉크 성분을 변형시켜, 섬유로부터 잉크의 안료가 직접 떨어져나가도록 하기도 한다.

| 고해 과정 중 탈수 속도의 향상 |　　　'고해'란 종이의 강도 향상을 위해 섬유의 표면을 두드리는 것으로, 자연 상태의 섬유는 표면이 평탄한데 기계적인 에너지로 섬유의 표면을 두드리면 보푸라기가 일어나게 된다. 이 고해를 많이 해줄수록 종이의 강도는 강해지지만 대신 종이를 만드는 과정에서 물이 빠지는 속도가 느려지는 단점이 있다.

최근 재생 섬유의 사용량이 증가하고 있는 추세이므로, 종이의 강도는 그대로 유지하되 탈수 속도를 향상시키고자 하는 노력을 더욱 많이 하게 된다. 종이를 만들려면 물을 제거해주어야 하는데, 이 탈수 속도가 빠

를수록 종이의 생산 효율이 증가하기 때문이다.

일반적으로 섬유를 재생하면 섬유의 유연성이 떨어지고 습윤 특성이 저하된다. 유연성이란 섬유가 얼마나 잘 휘는가 하는 정도를 말하는데, 유연성이 높으면 섬유끼리의 결합이 증가하여 강한 종이가 만들어진다. 또 습윤 특성이란 섬유가 물에 잘 젖는 특성을 말하는데, 습윤 특성이 우수할수록 섬유 간의 결합이 증가하여 강도가 높은 종이를 생산할 수 있다. 따라서 섬유의 유연성과 습윤 특성이 저하되면 섬유 간의 결합이 약해지므로 더 뻣뻣하고 두꺼운 종이가 생산된다.

재생 섬유를 사용하게 되면 미세 섬유의 양이 증가하게 되고 탈수가 느려지며, 생산 속도도 느려지게 된다. 따라서 강도 향상을 위한 고해 처리 과정에서 가수분해효소를 사용하여 재생 섬유의 탈수 속도를 빠르게 해주려는 시도가 있다.

| 슬라임 문제 해결 | 박테리아 · 이스트(빵효모) · 곰팡이 때문에 생기는 얇은 막인 바이오필름(biofilm)을 녹여 없애주는 효소, 박테리오파지, 경쟁 미생물을 사용하여 슬라임 문제를 해결한다. 여름철에는 해로운 생물들의 활동이 왕성해져서 배관 파이프 안에 끈적거리는 슬라임이 많이 발생하는데, 슬라임이 불규칙하게 떨어져나와 종이 표면에 부착된 상태로 소비자에게 가면 보기 흉한 큰 문제가 발생한다.

| 폐수 처리 | 펄프 · 제지 산업은 물을 많이 소비하는데, 약 1톤의 종이를 생산하려면 5~10톤의 물이 필요하다. 따라서 소비하는 물의 양을

최소화하기 위해서는 폐수를 처리하여 다시 사용해야 한다. 폐수 처리시에 라카아제 단독 처리보다는 크실리딘 처리 라카아제가 유기염소화합물 분해에 더 효과적이다.

|기타| 종이에 광섬유 등을 혼합하여 위조할 수 없게 만든 특수 종이, 전기장판처럼 따뜻한 종이, 매일 새로운 내용으로 바뀌는 얇은 전자 신문, 그 외에도 현재는 상상할 수 없는 새로운 제품들이 바이오기술을 응용하여 생산될 것이다.

생산과 소비 측면에서 볼 때 우리나라의 펄프 · 제지 산업은 세계적으로 약 10위에 해당한다. 특히 우리나라의 폐지 재생 기술은 매우 발달되어 있다. 인류 문화와 생활에 꼭 필요한 펄프와 종이를 생산하는 펄프 · 제지 산업에서 바이오기술의 응용 분야는 매우 폭이 넓다. 생명과학 및 생명공학적 발전을 펄프 · 제지 산업에 응용시켜, 우리나라가 문화 선진국, 소재 선진국, 산업 선진국 대열에 참여할 수 있도록 적극적인 노력이 필요하다.

물이 위험하다! 농촌의 물 환경 보전

◆ 김진수, 충북대학교 지역건설공학과

순수한 물은 없다? 수질오염에 관한 상식 몇 가지

우리가 일상적으로 접하는 물은 사실 순수한 물이 아니고 반드시 어떤 성분을 포함하고 있다. '수질'은 일반적으로 물속에 포함되어 있는 물리적·화학적·생물학적 성분을 말하는데, 이것에 의해 변하는 성질, 즉 수소이온농도(pH), 전기 전도도(EC), 수온, 투명도 등까지도 포함하는 폭넓은 개념이다.

수질 성분의 가장 대표적인 표시 방법은 '농도'이다. 농도는 물속에 녹아 있는 물질의 양을 물의 양으로 나누어 구한다(농도=물질량mg/수량L). 농도의 단위로는 흔히 mg/L와 ppm(parts per million)이 사용된다. 1mg/L란 1리터의 물속에 1밀리그램의 물질이 들어 있는 것이다. 즉 이것은 1세제곱미터(1000L) 물속에 1그램의 물질이 들어 있는 것을 나타낸다. 그리고 1ppm은 '100만분의 1'이란 단위를 의미하는데, 1세제곱미터의 물속에 1그램의 물질이 들어 있을 때 1ppm이 된다(참고로 물 100만

g=1t=1m³이다).

한편 '부하'(負荷, load)란 '부하량'이라고도 하며 물속에 녹아 있는 물질량을 표시하는데, 농도에 수량 혹은 유량을 곱하여 얻는다. 같은 양의 오염물질을 하천에 방류할 경우, 유량이 적은 평상시에는 오염물질의 농도가 크게 높아지나 홍수 때에는 많은 유량에 희석되어 농도가 크게 높아지지 않는다. 따라서 농도만을 기준으로 수질을 관리할 경우, 공장에서는 공장 폐수를 모아두었다가 홍수 때 한꺼번에 방류하는 폐단이 있었다. 그래서 최근 4대 하천에서는 부하량을 기준으로 수질을 관리하는 수질오염 총량제를 실시하기에 이르렀다.

물은 하류로 흘러가면서 자연적으로 깨끗하게 정화되는 것으로 알려져 있다. 이와 같이 인위적인 방법에 의하지 않고 오염물질이 물속에서 자연적으로 감소하는 작용을 물의 자연정화 작용 또는 자정(自淨) 작용이라고 한다. 수질오염은 물의 자정 작용의 능력을 초과하는 오염물질이 하천이나 호소(湖沼)에 인위적으로 배출되어 물이 이용 목적에 적합하지 않게 된 상태를 말한다.

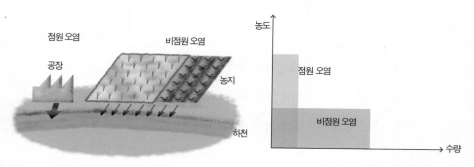

그림1 **점원 오염과 비점원 오염**

그림2 **점원 오염과 비점원 오염의 수량과 농도**

수질오염은 보통 '점원 오염'(point source pollution)과 '비점원 오염' (nonpoint source pollution)으로 나눌 수 있다. 점원 오염은 하나의 배출 구나 배출 단위로 파악이 가능한 오염으로, 여기에는 생활하수, 공장 폐 수, 축산 폐수 등이 있다. 한편 비점원 오염은 오염물질이 불특정하고 광 범위한 지역으로부터 배출되는 오염을 말하며, 여기에는 농지 배수, 산림 유출수, 강우시의 도시 유출수 등이 있다. 비점원 오염은 강우에 크게 좌 우되며 오염수의 처리와 제어가 불가능하다.

점원 오염과 비점원 오염의 농도와 수량을 비교하면 그림2와 같다. 비 점원 오염은 점원 오염에 비하여 농도는 낮으나 수량이 많아 부하량(농도 와 수량의 곱으로 나타나는 직사각형)은 결코 적다고 할 수 없다.

수질오염의 원인 가운데 하나로 화학비료를 들 수 있다. 사실 농업의 과학사에서 가장 위대한 발명 중의 하나는 질소화학비료의 발명이었다. 1909년 독일의 프리츠 하버(Fritz Haber)가 대기 중의 질소가스(N_2)를 암 모니아로 합성하는 하버법을 개발하였고, 1913년 공장에서 질소고정에 의한 비료 생산에 성공하였다. 질소비료는 작물의 생산량을 크게 증대시 켜 이로 인해 인구가 급증하게 된다. 질소비료가 나오기 전의 쌀 생산량 은 10아르(a, 1a =100m²)당 100~150킬로그램이었으나, 질소비료의 투 여로 10아르당 500킬로그램에 이르게 되었다.

그러나 질소비료의 탄생은 폭발물 제조에 필요한 질산의 원료인 암모 니아를 대량 생산하게 함으로써 독일 황제가 제1차 세계대전의 개전을 결의하게 되는 원인이 되었다. 영국의 해상 봉쇄에 의해 칠레산 질산칼륨 (초석)을 입수할 수 없었던 독일이 주위의 예상을 뒤엎고 전쟁을 계속할 수 있었던 이유의 하나이다.

또한 질소비료는 분뇨의 농지 환원을 통하여 얻었던 영양 성분을 대체함으로써, 과거 농촌과 도시 사이에서 이루어졌던 분뇨와 곡물의 교환에 따른 물질 순환을 단절시켰다. 그 결과 도시에서는 분뇨의 배출, 농촌에서는 비료의 과다 사용에 따른 비료 성분 유출이라는 이중고에 의하여 수질이 악화되는 원인이 되었다. 더구나 질소비료 사용량의 증가는 지구 온난화와 오존층 파괴를 일으키는 아산화질소(N_2O)의 방출량을 증대시키는 원인이 되고 있다. 이렇게 질소비료는 농업 생산량을 비약적으로 증가시킨 반면 수질 악화와 지구 환경 문제를 일으키고 있다.

하천이나 저수지의 부영양화의 원인이 되는 질소와 인은 상당량이 농지에서도 유출된다. 농지에는 화학비료나 축산 분뇨에 의해 다량의 질소와 인이 공급되는데, 그 일부가 물에 용해되어 농지 밖으로 유출되는 것이다.

그럼 농지의 질소 함량은 어떠할까? 논과 밭의 질소의 움직임은 크게 다르다. 논은 관개기에는 일반적으로 지표면 위에 물이 있어 산소가 부족한 환원 상태에 놓여 있으나, 밭은 지표면이 공기와 접촉하여 산화 상태에 놓여 있다. 산소가 물속을 통과하는 속도는 공기 중을 통과하는 속도의 약 1만분의 1로, 공기 중의 산소의 양이 21퍼센트인 데 반해 물속의 산소의 양은 포화가 되어도 8ppm(0.0008퍼센트)이다.

환원 상태   산화 상태

암모니아성 질소   질산성 질소의 용탈

그림3 **논과 밭의 질소의 움직임**

논은 환원 상태에 있으므로 비료로 투여된 암모니아성 질소(NH_4-N)가 산화되어 질산성 질소(NO_3-N)로 변화되기는 어렵다. 암모니아성 질소는 양이온이므로 음전하를 가진 점토나 유기물에 부착되기 때문에 간단히 물과 함께 유출되지는 않는다. 암모니아성 질소는 환원 상태인 논의 표층에 안정되어 벼에 흡수되는데, 비료를 준 직후에는 논물 중 암모니아성 질소가 고농도로 용해되어 있어 이때 논물을 빼내면 논으로부터 유출되게 된다. 따라서 논에서는 인위적인 물 관리가 질소의 이동에 커다란 영향을 미친다.

또한 논의 토양은 환원층의 탈질 작용에 의하여 질산성 질소(NO_3-N)가 환원되어 질소가스(N_2)나 아산화질소(N_2O)로 공기 중에 방출되므로, 논 지대에서는 질소에 의한 지하수의 오염이 거의 발생하지 않는다. 우리나라 평야 지대 논에서 지하수의 총 질소 농도는 1~3mg/L로, 지하수의 음용수 수질 기준인 질산성 질소 10mg/L에 비해 훨씬 낮다.

한편 밭에서는 비료로 투여된 암모니아성 질소가 호기성(好氣性) 상태에서 질산성 질소로 변한다. 질산성 질소는 음이온을 띠고 있고 토양 입자의 표면도 음이온을 띠고 있으므로 토양에는 거의 흡착되지 않는다. 따라서 강우가 있으면 질산성 질소는 빗물에 용해되어 하층으로 이동하는 침투 배출(이를 '용탈'이라고 한다)이 일어난다. 미국 밭 지대 지하수의 경우 25~30mg/L의 높은 질산성 질소 농도가 보고되고 있다.

| 논의 수질 변화 | 질소와 인의 농도는 비료를 뿌린 직후에는 매우 높게 나타나나, 시간이 지남에 따라 낮아지는 경향이 있다. 그림4는 충북 청원군 소로 지구의 논에서 실측한 논물의 질소 및 인의 농도 변화를 나타낸다. 총 질소의 함량은, 기비(基肥, 모내기 전에 뿌리는 비료)를 뿌린 직후인 6월 초순경에는 13.4mg/L, 수비(穗肥, 벼이삭이 나오기 전에 뿌리는 비료)를 뿌린 직후인 7월 중순경에는 8.5mg/L의 높은 값을 나타내나, 그 밖의 기간에는 2mg/L 이하의 낮은 값을 나타낸다.

인은 질소와는 달리 기비로서만 뿌려진다. 따라서 총 인의 함량은, 기

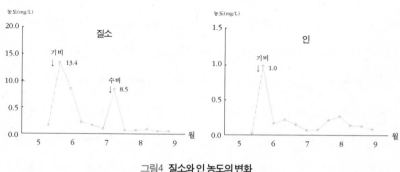

그림4 **질소와 인 농도의 변화**

비 직후에는 1mg/L의 높은 값을 나타내나 그 밖의 기간에는 0.3mg/L 이하의 낮은 값을 나타낸다.

이와 같이 비료를 뿌린 직후에는 비료 성분인 질소와 인이 물에 녹아 나오기 때문에 농도가 높아진다. 따라서 비료를 뿌린 직후에 논물을 빼거나 내리흘림식 관개를 하면 많은 양의 질소와 인이 유출된다.

| 흡수형 논과 배출형 논 | 습지(wetland)는 홍수 조절, 수질 정화 작용, 야생 동물의 서식 장소 등 환경적 가치가 크다고 인정되어 '람사협약'(물새 서식지로서 특히 국제적으로 중요한 습지에 관한 협약, 1971년 이란의 람사에서 채택됐다)에 의해 보호되고 있다. 관개기의 논은 비료가 투입되고 관개 배수에 의하여 물이 인위적으로 제어된다는 점 이외에는 습지와 흡사하다.

논에서 물의 이동과 함께 이동하는 오염 부하량이 존재하는데, '유입 부하량'은 강우나 용수에 의하여 유입되는 부하량이고, '유출 부하량'은 침투 배출이나 지표 배출에 의하여 배출되는 부하량을 말한다. 이 유출 부하량과 유입 부하량의 차를 '순유출 부하량'이라고 하며, 논의 수질 정화 기능의 지표로 사용된다(순유출 부하량＝유출 부하량−유입 부하량).

순유출 부하량이 음의 값을 가질 경우, 즉 유입 부하량이 유출 부하량보다 많을 때 논은 유입된 오염물질을 감소시킨다고 할 수 있다. 이러한 논을 '흡수형'(sink)이라고 하는데, 오염물질이 논을 통과하는 과정에서 흡수 및 제거되므로 논은 정화 역할을 하고 있다. 반대로 유출 부하량이 유입 부하량보다 큰 경우, 즉 순유출 부하량이 양의 값을 가질 경우에는 논이 오염물질을 배출하게 되는데, 이런 논을 '배출형'(source)이라고 한다.

논은 조건에 따라 흡수형이 되기도 하고 배출형이 되기도 한다. 그러므로 지표 유출량을 적극적으로 줄임으로써 배출형 논을 흡수형 논으로 바꿀 수 있다.

| 밭의 수질 변화 |　　　　비료 중의 질소는 주로 암모니아성 질소인데, 밭에서는 토양 중에 생존하는 질산균의 영향을 받아 거의 대부분이 질산성 질소로 변한다. 퇴비나 축산 분뇨로부터 나오는 유기성 질소는 미생물에 의해 서서히 분해되어 일시적으로는 암모니아성 질소가 되나 최종적으로는 질산성 질소가 된다.

강우량이 증가하면 침투 배출이나 지표 배출도 커지게 된다. 밭에서의 지표 배출은 토양 침식을 동반하는 경우가 많은데, 이때 질소나 인이 지표 유출수에 포함되어 배출되게 된다. 일반적으로 비료 사용량이 많으면 물에 녹아 토양으로 배출되는 용탈량도 많게 되는데, 이 용탈량을 비료 사용량으로 나눈 값을 '용탈률'이라고 한다.

질소의 용탈률은 초지에서는 10퍼센트 이하로 적지만, 농지에서는 약 30퍼센트에 이른다. 질소비료 사용량은 작물에 따라 다르지만 비료를 많이 뿌리는 채소류는 1헥타르당 300킬로그램, 차는 1000킬로그램을 넘는다. 채소밭에서 비료 사용량의 30퍼센트가 용탈된다고 하면 질소의 용탈량은 1헥타르당 100킬로그램이 되어 질산성 질소에 의한 오염을 일으킬 수가 있다. 실제로 비료를 많이 주는 채소밭이나 차밭의 지하수에는 질산성 질소의 농도가 높아져 지하수가 음용수로서 적당하지 않은 경우가 많다.

농촌 지역은 인구밀도가 낮고 마을이 분산되어 있다. 따라서 농촌 지역의 수질오염은 도시 지역과는 다른 몇 가지 특징을 가지고 있다.

첫째, 농촌 지역의 오염원은 도시 지역보다 다양하다. 도시의 오염원이 주로 생활하수와 공장 폐수인 데 반해 농촌 지역에서는 이 외에도 농지 배수 및 축산 폐수 등을 포함하고 있다.

둘째, 수질에 있어 농지는 오염과 보전의 양면성을 지니고 있다. 논은 밭으로부터 유출된 질소 농도를 감소시키는 기능을 가지고 있지만, 과다한 비료가 투여될 경우에는 도리어 질소 농도를 증가시킬 수 있다. 또 축산 폐수는 하천으로 방류하면 수질을 악화시키지만, 적절하게 농지로 환원될 경우에는 유기성 비료로 사용될 수 있다.

셋째, 농촌 지역의 오염에는 비점원 오염이 큰 비중을 차지하고 있다. 농지 배수와 같은 비점원 오염은 농도는 낮으나 수량이 많다. 따라서 그 대책에 있어서도 점원 오염과 같이 정화 시설로 처리할 수가 없다. 적절한 물 관리, 비료 관리, 자연정화 기법의 도입 등으로 대처해야 한다.

따라서 농촌 지역의 수질 보전에는 오염원의 다양성, 수질에 대한 농지의 양면성, 농지로부터의 비점원 오염 등을 고려한 종합적인 대책을 강구하지 않으면 안 된다.

| 생활하수의 대책 | 농촌 지역의 생활하수는 인구가 희박하여 분산적이며 부하량이 적다. 따라서 비점원 오염의 성격이 강한 농촌 취락의 특

성을 살린 오수 처리 시설을 설치하는 것이 중요하다.

| 축산 폐수의 대책 |　축산 폐수는 물로 유입되면 수질오염이 되지만, 퇴비화하여 농지에 뿌리면 유기질 비료나 토양 개량제로서 재활용이 가능한 자원이다. 그러나 축산 폐수를 농지에 과도하게 투입하면 황(S)에 의해 토양을 악화시킨다. 또 퇴비화에 의한 농지 환원은 그 방법과 양에 따라 질산성 질소가 유출되어 지하수를 오염시킬 위험성이 있으므로 이를 충분히 고려하여야 한다.

| 농지 배수의 대책 |　농지로부터의 배수는 질소나 인을 포함하고 있어 하천 부영양화의 원인이 되고 있다. 농지 배수에 대한 대책은 크게 논과 밭으로 나누어 살펴볼 수 있다.

먼저 논에서의 대책에는 단위논에서의 대책, 단위논의 집합체인 광역(廣域)논에서의 대책이 있다.

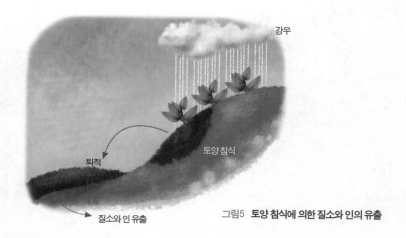

강우

퇴적

토양침식

질소와 인 유출

그림5 **토양 침식에 의한 질소와 인의 유출**

단위논에서는 내리흘림식 관개나 비료를 준 직후에 물을 빼는 것을 적극적으로 억제하여 배수량을 줄이는 것이 필요하다. 또한 토양 속으로 비료를 주는 것과 서서히 용해되는 완효성 비료를 사용하는 것도 효과가 있다. 비료의 과도한 사용을 억제하고 적절한 투여 방법을 확립하는 것이 중요하다.

광역논에서는 용수량을 절약하고 배수된 물을 다시 이용(순환 관개)하는 것이 중요하다. 과도한 용수량은 반드시 다량의 배수량을 만들고 이때 비료 성분이 함께 유출되므로 적절한 용수량 조절이 필요하다. 또한 순환 관개는 한번 배수로에 유출된 질소나 인을 재차 논으로 되돌리므로 수질 보전에 크게 기여한다.

다음으로 밭에서의 대책을 살펴보자. 밭은 일반적으로 경사진 곳에 위치하고 있어 강우시 토양 침식이 발생하기 쉽다. 토양 침식은 토양 속의 질소나 인 같은 영양성분을 유출시켜 농지의 생산성을 크게 낮출 뿐만

그림6 토양 침식에 취약한 나지의 경사밭(7월의 대관령 고령지)

밭

침투

지하수

질산성 질소

하천

논

그림7 지형 연쇄를 이용한 질소 제거

아니라, 그 영양성분이 하류에 있는 저수지 등으로 흘러들어 저수지의 부영양화를 일으키고 수질을 악화시킨다. 따라서 가능하면 지표면을 작물 등으로 덮어씌워 토양 침식을 방지해야 한다. 작물을 재배하는 경우에는 장마기나 태풍이 오는 8~9월에는 밭을 나지(裸地) 상태로 하지 않는 것이 필요하다. 나지의 경사밭은 토양 침식에 취약하기 때문이다.

지표면을 볏짚이나 보릿짚 등으로 덮을 경우 빗방울의 충격을 약화시킬 수 있는데, 담배밭(경사도 6도, 길이 25×25m)에서 고랑을 볏짚으로 완전히 덮을 경우 침식되는 유출 토사량은 나지의 20분의 1 수준이다.

채소류는 비료 사용량에 비하여 흡수량이 적고, 보리 · 밀 · 콩과 같은 일반 밭작물은 흡수량이 많다. 따라서 일반 밭작물을 토양의 과잉 양분을 정화하는 작물로서 윤작 체계에 넣는 방법을 생각할 수 있다. 이 방법을 쓰면 일반 밭작물이 일종의 완충 역할을 하므로 효과적인 비료 관리 체계가 확립될 수 있다.

그림8 **물옥잠을 이용한 수질 정화**　　　　그림9 **토양 침식 방지 기능이 뛰어난 계단식 논**

| 자연정화 기능의 이용 |　　　　농촌 지역의 수질 문제는 이곳에 존재하는 논, 용수로, 작은 저수지, 습지 등이 갖고 있는 자연의 정화 기능을 충분히 활용하여 개선하는 것이 중요하다.

　　논은 환원층의 탈질 작용을 가지고 있다. 이 때문에 질산성 질소에 의한 지하수 오염은 논 지대에서는 거의 찾아볼 수가 없다. 논은 낮은 곳에 위치하므로 산림이나 밭으로부터의 유출수를 관개수로 이용하는 경우가 많다. 여기서 생각할 수 있는 것이 밭-논-하천 등의 지형 연쇄를 이용한 정화법이다. 이것은 밭에서 유출된 질소 성분을 아래에 있는 논으로 끌어들여 질소의 농도를 경감(탈질 작용)시킨 뒤 하천으로 내보내는 것이다. 계곡 사이의 논이나 휴경답은 위에 있는 밭으로부터 유출된 질소 농도를 상당히 경감시키는 것으로 알려져 있다.

　　한편 농촌 지역에는 작은 저수지나 습지가 산재해 있고 수초들이 많이 서식하고 있어 이것들을 수질 정화에 이용할 수 있다. 식물이 오염물질을 양분으로 흡수하거나, 뿌리나 줄기에 부착된 미생물이 유기물을 분해하는 것이다. 여기에 이용되는 식물들은 물옥잠, 갈대 등과 같이 다른 수초에 비해 영양염류의 제거율이 높은 식물이다.

논은 벼를 생산하는 것 외에도 지하수를 만들고, 토양 침식을 방지하며, 수질을 정화하고, 여름철 기온을 낮추는 등의 다원적 기능을 가지고 있는 것으로 알려져 있다. 특히 계단식 논은 뛰어난 토양 침식 방지 기능을 발휘하여 하류의 수질 보전에 크게 기여해왔다. 우리는 농지의 물 환경을 제대로 이해하고 이를 관리 · 보전하는 방법을 실천함으로써 농촌 지역의 수질 보전에 크게 기여할 수 있을 것이다.

저수지와 환경, 그리고 인간

◆ 박종화, 충북대학교 지역건설공학과

01
저수지와 비오톱 네트워크

저수지는 본래 농업용수 확보를 위해 축조된 인공 수역으로, 농업용수의 공급 외에도 다양한 기능이 있지만 지금까지 이에 대한 관심은 그리 많지 않았다. 그러나 오랜 기간 동안 저수지 주변은 고유의 생태계가 형성되고 지역 경관과 조화를 이루면서, 농업 시설로서의 역할만이 아니라 다양한 생물의 생활공간과 경관의 구성요소로 중요한 기능을 하게 되었다.

용수가 풍부하지 못한 지역에 우리 조상들이 심혈을 기울여 축조한 저수지는 식량 생산과 물 공급원으로서, 지역사회의 중요한 재산으로 오랜 기간 관리되어왔다. 그러나 경제 성장에 따라 산업이 농업 중심에서 제2차, 제3차 산업 중심으로 변화하면서 저수지를 보는 관점과 사회 분위기에도 많은 변화를 가져왔다.

그러다가 사회 전반적으로 다양한 환경 문제가 발생하고, 경제 성장기가 지나 물질적인 풍요를 추구하던 국민 정서가 심리적인 요인을 찾는

가치관으로 변화하면서 환경과 생태계 보전에 대한 관심이 높아지게 되었다. 이러한 배경에서 가까이 존재하는 자연과 문화유산에 관심이 높아지고, 마음의 여유와 안정을 얻을 수 있는 요소로 숲과 물과 휴식 공간을 제공하는 저수지가 중요한 대상으로 부상하게 되었다.

저수지는 다양한 공익적 기능을 갖고 있을 뿐만 아니라 농촌 관광 자원으로서도 그 가치가 매우 높다. 그래서 현재 저수지가 갖는 어메니티(Amenity, 쾌적성)를 증진시켜 자연과 환경, 생태계와 인간을 연결하는 네트워크를 구성하고, 흙과 물과 숲이 제공하는 체험과 학습의 장을 만들어가는 인식과 작업들이 이루어지고 있다. 또한 저수지의 다양한 공익적 기능을 알아보고 새롭게 인식할 수 있도록 마인드 전환 기회를 제공할 필요성이 있다. 예컨대 농업용수의 공급, 재해 방지, 수자원 함양 기능 등의 공익적 기능을 확충하여 농촌 관광 자원과 자연 체험 학습장으로 활용해가야 할 것이다.

저수지가 갖는 다양한 기능을 활용하여 동식물이 자라는 데 필요한 공간으로 활용하기 위해서는 '비오톱(biotope, 생물 서식 공간) 네트워크'가 원활하게 작동할 수 있는 환경 조성이 필요할 것이다. 이를 위해 먼저 저수지가 갖고 있는 다원적 기능에는 무엇이 있을까를 알아보자.

저수지는 주위의 논과 용수 · 배수로, 야산, 도랑 등과 연속성을 가지면서 농촌 환경을 형성한다. 농촌 지역에 서식하는 많은 생물은 생활과 먹이 조건에 따라 저수지에 다양한 환경을 형성하며 살아가고 있다. 저수지는 물의 흐름을 막아 물을 가두는 제방과 물이 저장되는 수변 공간을 포함하는 영역을 말하는데, 이 수변 지역은 생태계와 환경에 매우 중요하

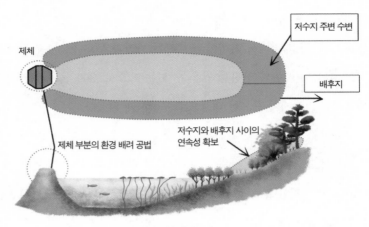

그림1 **저수지의 구성**

다. 저수지 환경의 특징은 다음과 같다.

첫째, 저수지는 논에 물이 없는 기간과 동절기에 생물의 서식 장소로 중요한 역할을 하며 농촌 지역 생태계 보전의 거점으로 가치가 높다.

둘째, 저수지는 호소에 비해 수심이 얕으므로 수생식물의 성장에 유리하고, 수변과 배후지의 연속성 형성에 유리하여 다양한 생물들이 서식한다. 또한 저수지 주변의 수변과 배후지 사이의 공간(지수역止水域)은 수온이 쉽게 높아져 생물 서식에 적당한 온도를 형성한다. 특히 수변과 야산이 이어지는 경사지, 연안, 지표의 자갈, 모래, 점토, 저수지 바닥, 제방, 수로, 논 등의 식생으로 다양한 생물의 생활공간이 확보되므로 수변과 배후지의 연속성이 중요하다.

셋째, 미꾸라지, 가물치, 송사리, 메기 등의 민물고기는 물이 따뜻해지면 산란을 위해 저수지에서 수로와 논으로 이동한다. 따라서 주변의 농업용 수로와 네트워크를 형성하는 저수지는 어류의 서식지 기능을 한다.

그림2 **저수지와 주변 환경의 네트워크**

넷째, 잠자리, 게아재비, 물방개 등 많은 수생곤충은 저수지와 주변의 숲, 논 지역을 왕복하면서 번식하고 생활(산란, 유충 생활, 먹이사냥, 성충 생활, 휴식)하는 종이 많다. 초원과 야산에 인접해 있고 식생이 풍부한 저수지일수록 경사가 완만한 연안이 발달하여 다양한 수생식물이 서식한다. 따라서 저수지는 유충의 먹이와 숨을 장소가 풍부하여 우화(羽化)나 성충의 성장 장소로도 매우 좋다.

다섯째, 개구리, 두꺼비, 도롱뇽 등의 양서류는 산란과 유생(幼生)의 성장, 성체 생활에 물이 필요한데, 종에 따라서 저수지를 이용하는 방법은 서로 차이를 보인다.

여섯째, 조류는 물을 마시고, 먹이를 사냥하고, 날개깃을 수선하면서 적으로부터 몸을 보호하고, 휴식하고, 새끼를 기르는 장소로 저수지를 활용한다.

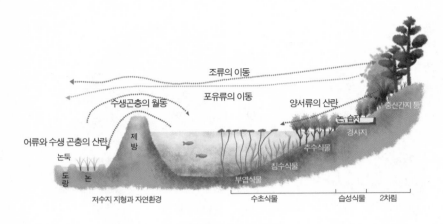

그림3 **저수지 지형과 주변 환경의 단면도**

이와 같이 저수지는 주변의 수변, 야산과 숲, 논과 수로와 연속성을 가지며 그곳에 서식하는 동물의 생활공간으로 다양하게 이용되고 있다.

02

저수지, 생명을 품다

그럼 저수지에 살고 있는 동식물들은 어떤 특징을 지니고 있을까.

첫째, 저수지에 서식하는 수생식물의 분포는 수질과 밀접한 관련을 갖는다. 특히 저수지는 수위 변화가 매우 크기 때문에(여름부터 가을에 걸쳐 급격하게 수위가 감소하고, 겨울철에는 완전히 물을 빼고 말리거나 아니면 다음 해의 관개를 위해 만수 상태를 유지해야 한다) 이러한 환경에 적응하는 종들만이 식물 군락을 형성할 수 있다. 또한 유지 관리가 잘 되지 않는 저수지에는 토사가 퇴적한 환경이나 오염된 환경에 적응하는 종만이 생존하게 된다.

둘째, 저수지는 지수역 서식 동물의 보고(寶庫)인 동시에 민물고기와 수생곤충, 양서류, 조류 등의 서식 장소로 중요하다. 저수지 주변의 완만한 연안은 수심 변화에 따라 다양한 수생동물이 서식하며, 수생식물대는 물고기와 수생곤충 등의 산란과 먹이, 은신처로 중요한 역할을 한다.

셋째, 저수지 주변의 숲과 야산 역시 저수지에 사는 물고기와 동물들의 먹이 공급원이자 집과 쉼터가 되는 등 여러 생물의 서식 장소로 이용되고 있다.

| 식물 |　　　저수지는 지형 변화에 따라 수심이 얕은 곳부터 깊은 곳까지 다양하게 존재하므로 식물 역시 수심에 따라 다양한 군락을 형성한다. 또한 영농 활동에 따라 인위적으로 수위 변동이 발생하기 때문에 저수지에 서식하는 식물의 일부는 잎의 형태를 변화시켜 월동 기관을 형성하거나 해서 수위 변동에 대응한다.

그림4　저수지는 다양한 동식물이 서식하는 보금자리이다.

그림5 저수지는 수생곤충과 양서류의 서식 공간이기도 하다.

| 수생곤충 |　　　저수지와 그 주변의 야산이나 숲은 잠자리와 같은 수생 곤충의 서식 공간이면서 성충의 번식 장소이다. 수생곤충은 종류에 따라 이용하는 시기와 장소가 다르므로 도농 교류 사업이나 농촌 관광에서 저수지는 자연 학습장과 생태 학습장으로 활용이 가능할 것이다. 예를 들어 잠자리는 수면과 그늘이 있는 공간을 서식 공간으로 활용하기도 하며 산란 장소, 유생의 서식 장소, 우화 장소, 먹이사냥 및 휴식 장소로 활용하기도 한다.

| 양서류 |　　　저수지는 개구리, 두꺼비, 도롱뇽 등 양서류의 산란 장소이면서 유생과 성체의 서식 장소로도 이용되고 있다. 예를 들어 옴개구리, 황소개구리, 참개구리 등은 번식과 생활 장소로 저수지를 이용하며, 도롱뇽은 번식 장소로서 저수지를 이용하고 있다. 그리고 북방산개구리, 산개구리 등은 저수지와 주변의 얕은 여울을 번식 장소로 이용하고, 도롱뇽은 계곡이 보(洑)로 막혀 있는 경우 물 흐름이 느린 저류지나 습지에 산란을 한다.

| 조류 | 저수지에는 새들의 먹이가 되는 동식물이 풍부하게 분포하며 적으로부터 몸을 보호하고 쉴 수 있는 수변이 있어 조류의 서식 공간이 되고 있다. 또한 저수지는 철새의 월동지와 도래지(겨울 조류), 번식지(여름 조류)로서 철새의 중계 지점의 기능을 갖는다. 한반도 전체에 분포하는 저수지는 약 100여 종의 철새가 도래하여 서식하고 휴식하는 공간이 되고 있다.

저수지의 다원적 기능,
환경과 생태계와 인간의 조화로운 트라이앵글을 위하여

저수지는 다양한 활용도를 갖는 공간으로 그 기능은 크게 이수(利水) 기능, 방재 기능, 환경 기능으로 분류할 수 있다.

이수 기능은 저수지가 갖는 기본적인 기능인 농업용수 공급 기능과 부수적으로 갖는 식료 생산, 양어 기능이다. 그리고 방재 기능은 지구 온난화 등으로 최근에 잦아진 국지성 호우와 태풍 등으로 발생할 수 있는 재해를 완화해주는 기능이며, 겨울과 봄철에는 산불 등을 진화하거나 산불 확산을 막아주는 기능을 한다. 환경 기능은 크게 자연 환경 보전 기능과 친수 기능으로 분류할 수 있는데, 여기서 친수 기능은 저수지 이용자와 주민들의 심적 안정과 여유로운 생활 형성에 직접 관계되는 기능이다. 저수지가 갖는 다양한 기능에 대해 알아보면 다음과 같다.

| 농업용수의 공급 | 저수지의 가장 기본적인 기능은 물을 저장하여

그림6 **저수지의 다원적 기능**

농업용수를 안정적으로 공급함으로써 농업 생산에 공헌하는 기능이다. 수리 질서 측면에서 저수지의 특징을 다섯 가지로 정리해보면 다음과 같다. 첫째, 저수지의 수리권은 공적 또는 사적 물권이다. 둘째, 저수량은 고정되어 있다. 셋째, 물 배분에는 평등 원칙이 존재한다. 넷째, 마을 공동체의 관개 시스템이 존재한다. 다섯째, 물 관리는 1년 주기로 이루어진다. 이와 같이 저수지에 의한 관개는 하천의 관개와 크게 다른 특색을 갖고 있다.

그림7 **저수지의 양어 기능**

| 식료 생산과 양어 기능 |　　　　　예전부터 저수지의 물고기와 수생식물은 귀중한 식료를 제공하였으나 현재는 식료 공급 면에서는 가치가 매우 적으며, 일부 관할 농업기반공사 등에서 어업권을 설정하여 내수면 어업 양어가 실시되고 있다. 이와 함께 낚시터로 제공되어 여가 공간으로 활용되기도 하나 블랙배스 등에 의한 양어의 피해가 발생하는 경우도 많아지고 있다.

| 홍수 조절 기능 |　　　　저수지는 소규모 댐의 역할을 하여, 대량의 강우가 발생했을 때 빗물을 저장하고 유출을 억제함으로써 하류 지역의 피해를 최소화하는 홍수 조절 기능을 담당한다. 개발로 인하여 집수 지역과 배수 지역이 도시화한 경우 집중호우에 취약한 지역은 저수지를 개수하여 홍수 조절 기능과 방재 기능을 강화하는 등의 대책이 필요할 것이다.

| 비상시 방재 용수와 생활용수의 공급 |　　　　저수지에 저장한 물을 이용하여 화재 등 재해시에 방화 용수와 생활용수로 활용하는 기능이다. 이를

그림8 **저수지의 방화 용수기능**

위해서는 저수지에서 소방차로 급수하는 시스템과 소방 용수를 원거리로 송수하는 시스템을 예상 지역 등에 도입할 필요가 있다.

| 수변 경관과 어메니티 형성 |　　　　저수지는 수면, 주변의 숲과 논밭, 마을 등과 조화를 이루며 양호한 수변 경관을 형성하고 어메니티를 증진시킨다. 또한 저수지는 경관 보전의 중요한 구성요소로 특히 도시 근교 농촌의 경우 그 중요도가 매우 높게 평가되고 있다. 주변 경관과의 조화와 통일감, 생태계와의 조화에서 저수지가 주는 어메니티 형성 효과는 매우 크다고 할 수 있다.

| 지하수의 함양과 수질 정화기능 |　　　　저장된 물이 바닥으로 침투되어 지하수를 풍부하게 함양하고 지역의 물 순환에 기여하는 기능이다. 저수지는 관개기에는 상류에서 유입되는 물과 용수로의 물을 저장하여 용수로로 공급하고 일부는 지하수를 함양한다. 비관개기에는 지하수의 유출을 억제하여 지하수 양을 유지하게 하고 지하수의 수질을 보전하는 데 도움

그림9 **저수지의 수변 경관과 어메니티 형성 기능**

을 준다.

| 기후 완화 기능 |　　　　저수지의 물은 기온과 습도를 안정화하는 기능을 갖고 있다. 기상 관측 결과 여름철 저수지 부근 온도는 낮 동안에는 기온 상승이 억제되어 주위보다 낮으며, 밤에서 아침까지는 기온 저하가 억제되어 주위보다 고온이 되는 특징을 갖는다. 이로써 '열 섬'(heat island) 현상을 억제하고 기후 변화를 완화하는 작용을 한다.

| 생태계 보전 기능 |　　　　저수지는 2차적인 자연으로 수생 동식물과 조류 및 양서류 등 다양한 생물의 서식 공간이다. 앞으로 어메니티 증진과 농촌의 자원으로 활용하기 위해서는 생물의 귀중한 활동 무대인 저수지를

저수지의 환경, 그리고 인간

비오톱으로 적극 보전하고 활용해가야 할 것이다. 또한 도시화의 진행에 따라 도심부에 위치한 저수지는, 저수지와 그 주변의 전원을 복원하여 공원화하고 살아 숨 쉬는 자연에서 배우고 놀며 쉴 수 있는 공간을 제공하는 등 다양한 생물이 서식할 수 있는 생태계를 확보하고 보전해야 할 것이다.

│레크리에이션 공간│   저수지 수면은 낚시, 보트, 수상스키, 수상스포츠 등의 공간으로 활용하고, 저수지 주변은 산보와 조깅 공간으로 활용된다. 또한 저수지 개·보수 사업을 통해 친수 기능을 살려, 지역 주민이 쉴 수 있고 도시와 농촌의 교류의 장으로 이용할 수 있도록 여가 활동 기능을 강화한다. 그러나 문제점으로 쓰레기와 주차 문제 등의 해결 방안 마련이 필요하다.

│공동체 교류의 장 형성│   저수지는 축제와 행사 개최지로서의 역할을 하며 이벤트나 교류 활동 등으로 사람이 모이는 지역의 공동체를 형성한

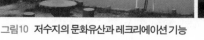

그림10 저수지의 문화유산과 레크리에이션 기능

그림11 저수지의 학습과 교육기능(벽골제 수리사 박물관)

다. 저수지를 활용한 공동체 형성은 현재로서는 이벤트 행사에 한정되어 있으나 지역 주민과 도시민이 연대하여 활용 방안을 다양하게 마련하면 교류 장소로서의 가치를 한층 높일 수 있을 것이다.

| 지역 고유의 문화유산 |　　　　벽골제와 의림지 등은 대표적인 전통 수리 구조물로서 제체와 석축, 취수 설비 등을 지닌 농업토목 유산이다. 또한 저수지의 축조에서부터 그 이후의 유지 관리에 이르기까지 지역 고유의 전승과 관행을 갖는 문화유산이기도 하다. 이처럼 저수지의 물 배분과 관계되는 수리 관행, 저수지의 유지 관리 방식과 농경문화의 의례 등은 지역과 저수지에 따라 특색을 가지며 독특한 지역 문화를 형성하고 있다.

| 학습과 교육의 기능 |　　　저수지는 자연과 역사, 문화, 환경 등을 실제 체험을 통해 학습할 수 있는 훌륭한 장소이다. 이 기능은 지역 고유의 문화유산 기능과 밀접한 관계를 갖는 것으로, 예를 들어 벽골제의 수리사(水利史) 박물관은 각 시대의 수리 사업에 관련된 내용을 학습할 수 있는 좋은 공간이다. 이와 같이 저수지는 물 순환과 생태계를 학습할 수 있는 매우 좋은 교재이자 놀이 공간으로서 큰 교육 효과를 갖는다.

　　21세기는 환경과 생태계, 인간과 자연이 공생하는 전원 환경을 만들고 관리해가는 시대가 될 것이다. 앞서 살펴본 저수지의 다양한 기능을 최대한 발휘할 수 있도록 그 다원적 기능을 이해하고 살려가야 할 것이다. 농촌 지역에 다수 분포하는 저수지를 바이오농업과 연결할 수 있는 발상의 전환과, 농촌을 살릴 수 있는 자원으로서의 저수지에 대한 마인드의 변화가 필요하며, 환경과 생태계 및 인간의 트라이앵글이 잘 조화할 수 있도록 우리 스스로가 보호하고 지켜가야 할 것이다.

21세기의 생명공학, 프로테오믹스는 무엇이며 왜 필요한가

◆ 우선희, 충북대학교 식물자원학과

21세기 생명공학의 새로운 물결,
게놈프로젝트에서 프로테오믹스까지

'게놈'(genome, 유전체)은 '유전자'(gene)와 '염색체'(chromosome)가 합성된 말이다. 생물의 게놈 또는 유전적 암호는 생명체에 있어 명령을 내리는 세트라고 말할 수 있는데, 그 유전자 암호는 모든 세포의 핵 속에 들어 있는 DNA에 의하여 실행된다. DNA는 단백질의 아미노산 서열을 암호화하는 유전자, 즉 단백질의 설계도로서 정보원 역할을 하고 있다. 인간의 DNA에는 A, T, C, G 네 종류의 염기문자 약 30억 개가 조합되어 있으니, 인간 유전자로서는 약 10만 개의 수가 된다.

인간게놈프로젝트는 미국 국립보건원(NIH)을 중심으로 세계적인 공동 작업이 1980년부터 개시되었고, 다른 민간 기업인 셀레라 지노믹스 사는 1998년부터 인간의 게놈 서열 분석을 개시하였다. 그리고 당시 미국의 클린턴 대통령의 중개로 양자 합의하에 게놈 계획이 발표되었다. '게노믹스'(genomics)란, 유전자의 염기서열을 분석하고 그 유전자가 필요할 때 어떤 단백질을 합성하는가에 대한 해답을 얻기 위한 과학이다.

인간 게놈 해석의 진행과 함께 주목되고 있는 것이 SNP(single nucleotide polymorphism, 일염기다형)이다. SNP는 개개인에 있어서 하나의 유전암호, 즉 염기 하나의 차이를 의미하는 것으로서, 화학조성은 같은 물질이지만 결정 구조가 달라 미세한 차이를 보이는 것이다. 앞으로 각 개인의 SNP를 해석하여 개개인에게 적합한 약 투여량 등을 결정하여 치료하는 의약의 필요성이 커지고 있다. 게놈 신약 개발의 관점에서는 완전한 인간 게놈 서열과 인간 SNP를 해석한 데이터로부터 약효 평가와 새로운 약을 만드는 설계가 예상되고 있다.

'프로테옴'(proteome, 단백질체)은 '단백질'(protein)과 '유전체'(genome)의 합성용어이다. 즉 프로테옴이란 생물과 세포에 발현하고 있는 모든 단백질의 집합이며, 이러한 프로테옴을 연구하는 '프로테오믹스'(proteomics, 단백질체학)는 기능성 단백질을 전체적으로 해석하고 게놈의 기능 및 나아가 생물 기능을 해명하려고 하는 연구 분야이다. 프로테옴 연구는 여러 생물종에 있어서 조직 및 시기 특이적으로 발현하고 있는 단백질의 데이터베이스를 만들어 병을 치료하거나 의약품의 개발, 환경 문제와 식량 문제를 극복하기 위해 유용한 식물을 만드는 데 목적이 있다.

미국이나 유럽에서는 생물의 유전자 정보를 해독하는 게놈 연구가 활발하게 진행되고 있다. 이러한 게놈 해석의 진전에 따라 1995년 이후 많은 생물에서 게놈의 전체 염기서열이 밝혀져 유전자 구조 및 발현에 관해 더욱 잘 이해할 수 있게 되었다. 그러나 염기서열만으로는 전체의 30~50퍼센트에 해당하는 단백질의 기능을 제대로 밝혀낼 수 없다. 그래서 현재 단백질의 생화학적 · 물리화학적 성질을 분석한 후 모든 게놈 DNA와 그것들이 암호화한 단백질을 대응시켜 연구하는 프로테오믹스에 주목을 하고 있다. 이 연구는 게놈 정보를 유효하게 이용함으로써 다수의 단백질의 기능과 그것들의 기능 네트워크를 해명하는 데 크게 기여할 것이다.

생명공학의 새로운 전개 양상으로 진행되고 있는 것을 크게 나누면 '게노믹스'와 '프로테오믹스'가 있다.

우선 게노믹스에 있어서는 mRNA의 단리, cDNA 서열 분석, 유전자 라이브러리 등의 일련의 흐름 속에서 유전자 발현, 유전자 치료 등의 응용적 측면이 검토 및 실행되고 있다. 그리고 프로테오믹스는 게놈으로부터 mRNA를 경유한 단백질의 발현과, 유전자의 총수로 계산하면 약 10만에서 100만 종 정도라고 하는 단백질의 단리 정제 등을 연구한다. 이러한 발현 단백질의 직접적인 응용 분야로서 신약 개발, 치료용 펩티드 또는 단백질로서의 이용이 있다.

프로테옴 해석과 별개로 포스트게놈(인간게놈지도가 완성된 이후의 게놈 시대 및 게놈 관련 연구를 포괄적으로 이르는 말) 연구로서 유전자에서 전사 산물의 전체적 해석이 진행되고 있다. 이러한 전사 산물, 즉 mRNA의 총체를 '트랜스크립톰'(transcriptome, 전사체)이라고 부르고 있다. 이 전사체를 해석하면 각 전사 산물의 발현량을 효율적으로 알아낼 수 있는데,

이미 비교해석(differential display)법, 마이크로어레이(microarray, 미세배열) 분석법 등 전사 산물의 기능을 해석하기 위한 방법이 개발되고 있다. 특히 반도체 제조 기술과 바이오기술이 결합되어 생물 정보의 대량 분석을 가능케 하는 마이크로어레이 분석법, DNA칩 기술 등은 다수 유전자의 전사 산물을 고효율로 해석하는 방법으로 주목받고 있다. 이러한 방법들은 전사 산물의 발현량뿐 아니라 번역 산물의 발현과 기능을 밝히기 위한 좋은 방법이라고 할 수 있다.

그러나 전사 산물의 해석으로부터 실제로 기능하고 있는 단백질의 실체를 밝히는 것은 무리가 있다. 그 첫 번째 이유는, 전사 산물의 양이 번역 산물의 양에 반드시 대응하고 있지는 않기 때문이다. 일반적으로 양자의 상관계수는 0.5 이하라고 말할 수 있다. 두 번째는, 단백질은 종류에 따라서 그리고 존재하는 조건에 따라서 수명이 다르기 때문이다. 수명이 긴 단백질은 다량으로 존재할 필요는 있어도 다량으로 번역될 필요는 없다.

한편 단백질은 번역 후 여러 가지 변형 과정을 거쳐 특유의 입체 구조를 형성하면서 성숙 단백질이 된다. 그리고 다수의 경우에는 성숙 단백질이 되면서 처음으로 특유의 기능을 갖게 된다. 따라서 번역 산물의 기능을 밝히는 경우에는 성숙 단백질 그 자체를 분석하는 것이 가장 중요한 일이다.

일반적으로 프로테옴은 게놈을 보조하는 것으로서 게놈과 조직이 발현하는 모든 단백질을 일컫는다. 그러나 이러한 추상적인 정의에 대해 연구자들은 그 이해의 정도가 다르다. 예를 들면 어느 단백질 X가 있으면 언제 발현을 하는 것인지, 왜 트랜스크립톰(전사체)과는 다른 것인지, 다른 단백질과의 상호작용이 있는 것인지, 이러한 단백질은 어떠한 역할로 기능할 수 있을지 등의 의문이 있다.

어떤 단백질을 해석하기 위해서는 그 대상이 되는 시료 중에 혼합된 단백질군으로부터 분리하여 단백질 해부(프로테오믹스)를 하지 않으면 안된다. 프로테오믹스는 생물학적 과정을 해석하기 위하여 단백질의 양적·질적 변화를 추구하는 수단이라고 일반적으로 정의하고 있지만, 프로테옴 정의에는 각각의 다른 해석이 있다. 무엇보다도 생명체에 있어서 단백질의 구조, 기능, 상호작용 및 그것들의 상관관계를 해석하기 위해서는 보다 상세하고 개별적인 단백질의 구조와 기능, 즉 단백질군 전체로서의 프로테옴 해석이 중요하다는 것이다.

게놈은 정적(靜的)이어서 생물에 있어서는 명확하게 정의를 할 수 있다. 또 증폭이 가능하며, 그 용해성도 크고, 구조적으로 단일 조성이어서 프로테옴에 비해 상대적으로 적다. 반면 프로테옴은 연속적으로 동적 변화를 하며, 외부 및 내부의 현상에 반응하는 증폭은 불가능하고, 번역 후 변형 과정의 다양성과 불균일성도 대단히 복잡하다. 그리고 게놈 수에 비해 상대적으로 많다. 예를 들면 유전자 서열로부터 번역 산물인 단백질전구체의 아미노산 서열은 예상할 수 있지만, 실제적으로 발현한 단백질에는 이황화물 결합 다음에 번역 후 변형 과정, 그리고 변형 과정 유전자 산물을 경유하여 성숙 단백질에서는 변화가 있다.

특히 프로테옴 해석에서는 '어떤 유전자가 발현하는 것일까?' 하는 문제 등을 해결할 수 있다. 즉 세포의 종류, 변태, 노화, 조직 등에 있어서 단백질의 변화를 조사함으로써 생물적 체계의 상태를 해석할 수 있는 것이다. 이런 단백질의 표면은 항상 변형되어 당쇄화와 인산화가 빈번히 일어날 뿐만 아니라, 그것들은 항상 불균일한 변형 상태에 있다. 이러한 변형 상태가 단백질을 활성화하기도 하고 불활성화하기도 한다. 이와 같은 단백질 변화는 유전자 서열로는 해명할 수 없는 과정이다. 유전자로부터 기능을 직접적으로 해명하는 것은 곤란한데, 세포가 사용하는 어떤 세트의 단백질은 항상 변동하기 때문이다.

일반적으로 인간 게놈에는 10만 개의 유전자가 있으며, 그 유전자들이 수백만의 다른 단백질을 생산하는 것이다. 이와 같은 복잡한 프로테옴을 해석할 수 있는 프로테오믹스의 통용 분야에는 건강, 농업, 의학, 약학 등이 있으며, 특히 발현 목표로 하는 물질의 동정과 작용기서, 안전성, 약물 저항성, 그리고 병에 있어서 조직의 변화와 변동 등을 해석하여 새로운 약을 만드는 데 크게 기여할 것으로 생각된다.

프로테오믹스에 있어서 중요한 것 중 하나는 게놈으로부터 해명할 수 없는 각종의 상호작용을 해석하여 증명하는 것이다. 생체는 단백질과 단백질, 단백질과 DNA, 단백질과 저분자 생체 성분, 단백질과 약물 등 각종 생체 성분의 상호적 분자 인식을 기초로 하여 상호작용을 하고 있다.

이러한 상호작용에 의하여 단백질을 중심으로 기능이 발휘된다고 생각된다.

　세포 조절 과정에서 일어나는 일련의 단백질-단백질 상호작용에 있어서 단백질이 어떻게 움직이고 있는가를 이해하기 위한 기능프로테오믹스(functional proteomics) 연구가 진행되고 있다. 이러한 기능프로테오믹스는 구조와 기능의 상관관계에 관한 연구가 중요하며, 신규 치료제의 탐색 등에도 유효하다.

현재 미국의 국립보건원과 프랑스의 파스퇴르연구소, 독일의 막스플랑크연구소, 일본의 이화학연구소 등 국가적인 연구 프로젝트 및 그것들로부터 독립 또는 연합한 벤처기업, 그리고 대학 연구 관계자가 병설하여 설립한 프로테오믹스 기업, IBM 등의 컴퓨터 회사, 프로테오믹스 및 생물정보 관련 기업 등 크고 작은 프로테오믹스 지향 회사가 많다.

　그들 기업의 목표는 직접적 또는 간접적으로 신약의 개발을 비롯한 전반적인 의료 분야에서의 응용이다. 그것만으로도 프로테오믹스가 다수의 산업 분야에서 기대되고 있다는 증거이다. 미국의 어플라이드 바이오시스템 사에서는 유전자 분석, 유전자 발현, 단백질 동정, 약물 목표 동정, 그리고 선도할 수 있는 물질의 최적화를 위해 필요한 장치 시스템과 정보 자원을 고객에게 제공하고 있다. 이런 회사는 생명과학 관련 분야에서 첨단 기술을 제공하며, 각종 장치, 소프트웨어, 시약, 생물정보 통합 관리 및 지원을 담당한다. 또한 유전자 및 관련 의학, 약학, 농학 영역 등의 정보 해석을 담당하고, 게놈 해석에서 가장 중요한 분야인 인간과 쥐, 벼 등의 고정밀 DNA 서열을 해석한다. 앞으로는 게놈 정보와 함께 프로테오믹스 및 그 응용 분야로의 진출을 목표로 하고 있다.

이 외에도 약물프로테오믹스(pharmaco-proteomics), 트랜스크립토믹스, 메타볼로믹스(metabolomics, 대사물 해부) 등과 같은 새로운 용어가 출현하는 것은 이들 분야의 현재 내용에 불분명한 부분이 많다는 것을 증명하고 있다. 그러나 여기에는 문제점이 많다. 즉 게놈으로부터 프로테오믹스, 그리고 바이오인포매틱스(bioinformatics, 생물정보학)에서 앞으로 막대한 양의 데이터를 처리하기 위해서는 병렬적 컴퓨터가 필요하다. 예를 들면 미국의 인간 게놈 해석을 완성하였던 셀레라 지노믹스 사는 게놈 해석을 위해 미국 국방부의 슈퍼컴퓨터에 필적하는 컴퓨터 시스템을 가동하였으며, 그 해석 소프트웨어와 유지 · 관리 업무에만도 사원들의 절반가량이 종사하고 있다.

게놈 해석보다도 복잡한 프로테옴 해석에서는 앞에서 언급한 것처럼 단백질뿐만 아니라 생체 성분 전체의 동적 요인에 의한 데이터를 다수 포함하기 때문에 대량의 데이터 해석이 필요하다. 그 때문에 미국의 주요한 컴퓨터 관련 기업은 게놈 정보 및 프로테옴 정보를 종합적으로 해석할 수 있는 하드웨어와 소프트웨어 개발에 적극적이며, 경쟁의 원리로 판단하건대 가까운 장래에는 이들의 컴퓨터–프로테오믹스의 역할이 클 것으로 추측된다.

게노믹스, 프로테오믹스, 약물프로테오믹스, 각종 생체 성분의 분석, 생합성과 대사공학적 연구, 그것들의 데이터베이스 구축과 종합적인 해석에 의하여 궁극적인 생명체의 비교가 가능하게 될 것이다. 그리고 그 분석과 해석에 있어서도 앞으로 분리 능력의 향상, 고속화, 자동화, 고효율화, 검출의 고감도화, 연속적인 동태적 해석, 다차원화, 데이터베이스 검색 및 구축, 불균일성 분석, 상호작용 해석, 기능 해석, 라이브러리 디자인, 새로운 화합물의 최적화, 시뮬레이션 등 컴퓨터 이용 소프트웨어 개발, 생물정보학, 약물정보학 등의 개량과 개발을 위하여 도전이 필요하며, 그 성과는 신약 개발 등의 상승적인 응용 효과로 이어질 것이라 기대할 수 있다. 프로테옴은 게놈과 비교도 안 되게 복잡하며 데이터로서도 대단히 방대한 것이다. 그 때문에 게놈과 게노믹스를 포함하여 프로테옴과 프로테오믹스의 연구 진전을 위한 국제적인 협력 체제도 중요하다고 본다.

　앞으로 프로테옴에서 파생하는 신소재와 신재료, 세포 · 조직 · 기관 등의 각종 생체 모델, 각종 생체 기능을 참고로 하여 인공 기술과 인공지능의 개발 등도 기대되리라 생각한다.

초등학교 환경교육,
무엇을 어떻게 할 것인가

◆ 김범수, 건국대학교 산림과학전공

01
초등학교 교육과 환경교육

우리나라의 경우 1980년대에 들어 환경 문제가 심각한 사회 문제로 대두
되면서 법적 · 제도적 조치가 강화되는 한편, 1982년 제4차 교육과정에
환경 관련 내용이 교과목에 실리면서 환경교육이 실시되게 되었으며,
1985년에는 환경부에서 '환경보전시범학교' 지정 제도가 도입되어 환경
교육의 전기를 마련하게 되었다. 그러다 1992년부터는 제6차 교육과정에
환경 과목이 '환경'과 '환경과 생태'의 선택 과목으로 설치되어 1995년 전
체 중고등학교 중 약 5퍼센트가 환경 과목을 독립 교과목으로 선택하였
던 것이, 제7차 교육과정이 실시된 2002년도에는 전체 5420개교 중 23.8
퍼센트인 1289개교에 이르고 있다. 이러한 비율은 환경교육 관련자의 입
장에서는 만족스럽지 못하겠지만, 입시 중심의 우리나라 교육 풍토로 볼
때 상당한 비율에 해당한다고 할 수 있다.

　환경교육을 담당하는 교사의 양성을 위해 1996년부터 환경교육 전공

학과가 개설되어 현재는 전국 5개 대학에서 졸업생을 배출하고 있다. 한편 학교 교육의 이론적 한계를 보완하기 위해 환경부에서는 2000년부터 '체험 환경교육 프로그램 사업'을 시행하고 있으며, 환경보전시범학교를 시·도당 2개교씩 총 32개교를 2007년까지 확대할 계획을 세우고 있다. 또한 생명의 숲 운동본부 지원 '학교 숲 가꾸기' 사업이 초등학교 내에서 실시되고 있다.

환경교육은 학교의 환경교육과 사회의 환경교육으로 나눌 수 있는데, 최근에는 학교 환경교육에 있어서 체험적인 교육을, 사회 환경교육 단체들이 방학이나 주말을 통하여 현장 체험 환경교육을 보완하여 실시하고 있는 경우도 많이 보고되고 있다. 2004년 현재 환경부 사이트에 올라 있는 민간 환경교육 관련 단체는 약 150개 단체에 이른다.

이 글에서는 2004년도에 실시한 설문조사를 토대로 초등학교 환경교육의 방향을 제시하고자 한다. 설문조사는 청주, 충주, 제천의 3개 도시 초등학교 중 환경교육 시범학교 및 환경 관련 시설 조성 학교와 기타 초등학교를 대상으로 하였다. 대상 학교는 청주 3개교, 충주 4개교, 제천 5개교로 모두 12개교이며(환경교육 관련 실시 학교는 청주 2개교, 충주 3개교임), 가능하면 담임교사를 대상으로 실시하고자 하였다. 또한 각 학년 교사의 수는 6개 학년이 유사한 비율을 유지하도록 하였다. 설문 시기는 2004년 9월부터 11월까지 약 3개월간에 걸쳐 평균 2명의 조사원이 직접 설문 방식을 통하여 자료를 입수하였다.

설문조사의 대상으로 초등학교 담임교사를 택한 이유는 두 가지이다. 첫째는 초등학교의 학년별 환경교육이 같은 내용과 수준이 되어서는 안

된다는 것과, 둘째는 환경교육의 중요한 주체가 실제 현장에서 각 학년을 담당하고 있는 교사로 이 그룹이 가장 실제적인 환경교육의 내용을 파악하고 있기 때문이다.

초등학교에서 환경교육을 실시할 경우 현재 일반적으로는 초·중·고 정도로 구분하여 환경교육을 실시하거나 관련 교재도 이에 준하여 발행되고 있다. 그러나 초등학교의 경우 6년에 걸친 장기간 동안 아이들의 신체적·정신적 성장 정도를 동일하게 취급하는 것은 무리가 있다. 즉 초등학교 교육 체계상의 교육 내용이나 수준을 살펴봐도 그러하며, 또한 최근 시중에서 판매되는 초등학교 서적 등을 보면 학년별로 학습 단계에 대응하고 있는 서적이 다수 출판되고 있는 것도 이러한 문제에 대한 반증이라 할 수 있다. 따라서 본 연구에서는 사전 예비조사를 토대로 학년 담임 교사를 대상으로 설문하는 것이 최적이라 판단하였다.

'현황 파악을 위한 설문'은 환경교육에 대해서 일반적으로 어떻게 생각하고 있는가에 대한 사항을 알아보기 위해, 환경교육의 필요성과 효과, 그리고 지역 환경 특성을 환경교육의 대상으로 포함하는 정도 등 일반적인 기본 항목을 설정하여 설문을 추진하였다.

초등학교 환경교육의 '방향을 설정하기 위한 설문'은 일반적으로 환경교육 프로그램 계획에서 제시되고 있는 6원칙인 언제, 어디서, 누가, 무엇을, 어떻게, 왜라는 기준에 맞추어, 환경교육의 필요성과 효과, 교육 정도, 추진 방법, 교육 내용, 제도 및 정책, 시기 등과 관련한 총 19개 문항을 설정하였다.

설문에 응답한 응답자는 총 300명으로 이중 17명을 제외한 283명의 유효 설문지가 획득되었으며, 이중 초등학교 학년별 담임교사는 총 264명으로 나타났다. 각 초등학교 담임교사의 구성은 1학년에서 6학년까지 38명에서 48명까지로 나타났으며, 성별 구성은 여성과 남성의 비율이 각 69.3퍼센트, 30.7퍼센트로 여성의 비율이 매우 높게 나타났다. 또한 연령대는 50대가 38퍼센트, 30대와 40대가 22퍼센트 전후, 20대가 18.2퍼센트로 나타났다. 연령대가 높을수록 저학년을 담당하고 있고, 연령대가 낮을수록 고학년을 담당하고 있는 것으로 나타났다. 또한 각 설문의 구성비는 설문지의 항목별 유효 구성비를 구하여 나타내었다. 따라서 일부 다중선택 항목의 경우 결과 집계표 상의 합계의 유효 득표가 차이가 있음을 알려둔다.

초등학교 환경교육의 필요성과 효과에 대하여

초등학교 환경교육의 필요성에 대해서는 전체적으로 '매우 필요하다'에 대한 응답률이 75.8퍼센트로 매우 높게 나타났고, '어느 정도 필요하다'까지 합치면 99.2퍼센트로 거의 모든 응답자가 필요하다고 응답하였다.

또한 학년별 담임교사의 응답 비율을 살펴보면 1~3학년이 4~6학년에 비해 10~20퍼센트 정도 높게 나타나고 있는 것으로 나타났다. 이는 고학년으로 갈수록 다양한 교과를 소화해야만 하기 때문에 정식 교과목이 아닌 환경 부분의 필요성에 대한 비율이 다소 낮아진 것으로 생각된다.

환경교육을 통해 얻어지는 효과에 대해서는 '아이의 감성 능력의 향

학년	매우 필요하다	어느 정도 필요하다	그다지 필요하지 않다	전혀 필요하지 않다	계
1학년	29(76.3%)	9(23.7%)	0(0%)	0(0%)	38(100%)
2학년	34(73.9%)	12(26.1%)	0(0%)	0(0%)	46(100%)
3학년	36(83.7%)	7(16.3%)	0(0%)	0(0%)	43(100%)
4학년	37(77.1%)	11(22.9%)	0(0%)	0(0%)	48(100%)
5학년	28(63.6%)	14(31.8%)	2(4.5%)	0(0%)	44(100%)
6학년	36(80.0%)	9(20.0%)	0(0%)	0(0%)	45(100%)
계	200(75.8%)	63(23.5%)	2(0.8%)	0(0%)	264(100%)

표1 초등학교 환경교육이 필요한가

(명/%)

학년	아이의 학습 능력의 향상	아이의 감성 능력의 향상	아이의 사회성의 향상	아이의 창의력의 향상	모르겠음	기타	계
1학년	3(7.9%)	27(71.1%)	7(18.4%)	1(2.6%)	0(0%)	0(0%)	38(100%)
2학년	1(2.2%)	30(65.2%)	14(30.4%)	1(2.2%)	0(0%)	0(0%)	46(100%)
3학년	1(2.3%)	31(72.1%)	8(18.6%)	1(2.3%)	0(0%)	2(4.7%)	43(100%)
4학년	1(2.1%)	34(70.8%)	11(22.9%)	1(2.1%)	0(0%)	1(2.1%)	48(100%)
5학년	0(0%)	30(68.2%)	10(22.7%)	2(4.5%)	0(0%)	2(4.5%)	44(100%)
6학년	1(2.2%)	28(62.2%)	13(28.9%)	0(0%)	0(0%)	3(6.7%)	45(100%)
계	7(2.7%)	180(68.2%)	63(23.9%)	6(2.3%)	0(0%)	8(3%)	264(100%)

표2 담당하는 학년에서 환경교육을 실시한다면 얻어지는 효과

상'이 68.2퍼센트로 가장 높게 나타났으며, 다음으로는 '아이의 사회성 향상'이 23.9퍼센트로 나타났다. 기타 항목의 응답률은 약 3퍼센트 미만으로 매우 낮게 나타났다.

이를 학년별로 살펴보면 대체적으로 1~3학년은 4~6학년에 비해 '감성 능력의 향상'이 다소 높고, 4~6학년은 1~3학년에 비해 '사회성 향상'이 다소 높게 나타났다. 이것은 기존 연구 등에서 나타나고 있는 아동

의 발달 과정과 유사한 경향을 보이고 있다고 생각되나, 설문 결과 전체
적으로는 환경교육이 아이들의 감성 교육에 커다란 영향을 미치고 있는
것으로 인식되고 있음이 명백하게 나타났다. 학년 간에 나타나는 다소의
편차는 교과 내용과 관련성이 있는 것으로 생각된다.

초등학교 환경교육의 수준에 대하여

현재 환경교육을 어느 정도의 수준에서 가르치고 있으며 실제 어느 정도
의 수준이 적합한지에 대한 질문이다.

현재의 상황에 대해서는 '교과 내용에 준해서 가르침'이 76.5퍼센트에
이르는 높은 응답률을 보였다. 또한 대체적으로 교과 내용에 준하는 '학교
프로그램을 활용'한다는 응답률도 11.7퍼센트로 나타나고 있어, 환경교육
의 수준이 교과서의 내용과 수준에 준해서 이루어지고 있는 것으로 나타
났다. 학년별 응답 경향도 전체 경향과 유사하게 나타나고 있다.

앞으로 바람직한 환경교육의 수준에 대해서는 전체적으로 '초등학교
교재에서 다루고 있는 내용 정도의 수준'이 50퍼센트로 높게 나타났지만,
'초등학교 교재 수준을 넘은 환경 일반 정도의 수준'이나 '지역사회 레벨
까지 환경 문제 의식을 확장시킬 수 있는 정도의 수준'도 각각 22.7퍼센
트로 비교적 높은 비율로 나타나고 있다.

이를 학년별로 보면 대체로 4~6학년의 고학년에서 이러한 경향이 상
대적으로 높게 나타나고 있다. 특히 6학년의 경우는 전체적으로 높은 비

학년	교과 내용에 준해서 가르침	학교 프로그램을 활용해서 실시함	필요시 프로그램을 별도로 개발하여 실시	기타	계
1학년	31(81.6%)	5(13.2%)	2(5.3%)	0(0%)	38(100%)
2학년	34(73.9%)	7(15.2%)	5(10.9%)	0(0%)	46(100%)
3학년	34(79.1%)	1(2.3%)	7(16.3%)	1(2.3%)	43(100%)
4학년	33(68.8%)	10(20.8%)	4(8.3%)	1(2.1%)	48(100%)
5학년	35(79.5%)	3(6.8%)	5(11.4%)	1(2.3%)	44(100%)
6학년	35(77.8%)	5(11.1%)	3(6.7%)	2(4.4%)	45(100%)
계	202(76.5%)	31(11.7%)	26(9.8%)	5(1.9%)	264(100%)

표3 현재 학생들에게 환경교육을 어떠한 수준으로 실시하고 있는가

（명/%）

학년	초등학교 교재에서 다루고 있는 내용 정도의 수준	초등학교 교재 수준을 넘은 환경 일반 정도의 수준	지역사회 레벨가 지환경 문제 의식을 확장시킬 수 있는정도의 수준	어느 수준이든 상관이 없음	기타	계
1학년	25(65.8%)	6(15.8%)	5(13.2%)	2(5.3%)	0(0%)	38(100%)
2학년	24(52.2%)	10(21.7%)	12(26.1%)	0(0%)	0(0%)	46(100%)
3학년	24(55.8%)	10(23.3%)	6(14%)	3(7%)	0(0%)	43(100%)
4학년	27(56.3%)	12(25.0%)	8(16.7%)	1(2.1%)	0(0%)	48(100%)
5학년	22(50%)	7(15.9%)	12(27.3%)	2(4.5%)	1(2.3%)	44(100%)
6학년	10(22.2%)	15(33.3%)	17(37.8%)	3(6.7%)	0(0%)	45(100%)
계	132(50%)	60(22.7%)	60(22.7%)	11(4.2%)	1(0.4%)	264(100%)

표4 담당하는 학년에서 환경교육을 실시한다면 어떠한 수준이 가장 적합한가

율을 보이고 있는 '초등학교 교재에서 다루고 있는 내용 정도의 수준'에 대한 응답률이 불과 22.2퍼센트로 나타난 반면, 지역사회의 환경 문제나 일반적인 환경 문제에 대한 수준을 요망하는 비율이 30퍼센트를 넘고 있어 전체적인 경향과는 반대의 경향을 보이고 있다.

따라서 저학년에서는 교과 과정을 위주로 환경교육을 하되, 고학년으

로 갈수록 교과 내용에 일반적 환경 문제나 지역사회 주변의 다양한 환경 문제를 부가하여 환경교육을 시키는 것이 바람직할 것으로 생각된다.

초등학교 환경교육의 내용에 대하여

학년에 따라 환경교육을 실시한다면 환경의 어떠한 내용이 가장 중요하고 적절한가를 알아보기 위해 크게 '자연 환경', '환경오염', '환경 개발 및 정책, 사회 환경'의 3개 항목으로 분류하였다. 각각의 구체적인 항목은 환경부(2004)와 초등학교 교과 관련 연구(이선경 외, 2001; 최영분 외, 2002)에서 분류한 내용을 토대로 설정하였다. 이에 따라 '자연 환경'에 대해서는 15개 항목, '환경오염'에 대해서는 11개 항목, '환경 개발 및 정책, 사회 환경'에 대해서는 13개 항목 등 총 40개 항목을 설정하였다.

| 자연 환경 |　　　　담당하는 학년에서 환경교육을 실시한다면 자연 환경의 어떠한 내용이 가장 중요하고 적절한가에 대한 설문에서 '생태계'가 20.7퍼센트로 가장 높은 비율을 나타내고 있으며, 이어서 '자연보호'가 17.8퍼센트, '인간과 자연'이 11.4퍼센트, '동식물'이 10.6퍼센트, 물·수자원이 9.5퍼센트로 상대적으로 높은 응답률을 보였다. 즉 전체적인 구성비를 검토하면, 생태계라는 전반적인 자연 환경 체계 안에서 그 안의 생물적 구성요소인 동식물, 그리고 이들과 인간과의 바람직한 상호관계에 대한 내용이 주를 이루고 있다고 판단된다. 또한 물·수자원의 경우는 충

주호와 대청호가 지역의 주요한 자연 환경이라는 특성이 평가에 영향을 미친 것으로 보인다.

학년별로 상위 5개 항목에 대한 구성비를 살펴보면, 1학년은 '동식물'과 '자연보호'가 19퍼센트 전후로 높고, '생태계'와 '인간과 동물과의 관계'가 11.4퍼센트로 동일한 구성비를 보이며, 물·수자원은 7.9퍼센트로 낮게 나타나고 있다. 즉 주변의 자연 환경에 대한 친밀감을 높이면서 이를 아끼고 살피는 인간과 자연의 기본적인 관계 설정과 관련된 교육 내용이 바람직한 것으로 나타났다.

(명/%)

학년	생태계	동식물	기후	물·수자원	자연재해	건전한 휴양 활동	산림의 구조	온난화
1학년	13(11.4%)	22(19.3%)	3(2.6%)	9(7.9%)	4(3.5%)	6(5.3%)	2(1.8%)	1(0.9%)
2학년	25(18.1%)	15(10.9%)	1(0.7%)	16(11.6%)	11(8%)	8(5.8%)	1(0.7%)	3(2.2%)
3학년	31(24%)	12(9.3%)	1(0.8%)	14(10.9%)	4(3.1%)	10(7.8%)	1(0.8%)	0(0%)
4학년	33(22.9%)	16(11.1%)	2(1.4%)	16(11.1%)	10(6.9%)	6(4.2%)	2(1.4%)	6(4.2%)
5학년	29(22%)	10(7.6%)	4(3%)	11(8.3%)	4(3%)	5(3.8%)	0(0%)	3(2.3%)
6학년	33(24.4%)	9(6.7%)	0(0%)	9(6.7%)	8(5.9%)	8(5.9%)	3(2.2%)	6(4.4%)
계	164(20.7%)	84(10.6%)	11(1.4%)	75(9.5%)	41(5.2%)	43(5.4%)	9(0.9%)	19(2.4%)

학년	산림 파괴	자연보호	자연의 이용	인간과 동물과의 관계	농·산촌의 문화·역사	인간과 자연	환경과 관련된 내용이면 무엇이든 상관없음	계
1학년	4(3.5%)	21(18.4%)	6(5.3%)	13(11.4%)	3(2.6%)	7(6.1%)	0(0%)	114(100%)
2학년	2(1.4%)	22(15.9%)	9(6.5%)	10(7.2%)	1(0.7%)	14(10.1%)	0(0%)	138(100%)
3학년	4(3.1%)	30(23.3%)	9(7%)	2(1.3%)	1(0.8%)	9(7%)	1(0.8%)	129(100%)
4학년	5(3.5%)	22(15.3%)	7(4.9%)	6(4.2%)	1(0.7%)	12(8.3%)	0(0%)	144(100%)
5학년	4(3%)	23(17.4%)	7(5.3%)	2(1.5%)	3(2.3%)	27(20.5%)	0(0%)	132(100%)
6학년	4(3.0%)	23(17.0%)	6(4.4%)	5(3.7%)	0(0%)	21(15.6%)	0(0%)	135(100%)
계	23(2.9%)	141(17.8%)	44(5.6%)	38(4.8%)	9(1.1%)	90(11.4%)	1(0.1%)	792(100%)

표5 학년에서 환경교육을 실시한다면 자연 환경의 어떠한 내용이 가장 중요하고 적절한가(3개 선택)

2학년은 '생태계'가 18.1퍼센트로 가장 높으며, 이어서 '자연보호'가 15.9퍼센트로 나타났고, 3~5위의 항목인 '물·수자원', '동식물', '인간과 자연' 등의 항목은 11퍼센트 전후의 구성비를 보이고 있다. 이들 구성비를 통해 2학년에서는 자연 환경의 소중함과 그 유익성에 대한 폭넓고도 기초적인 사항과 관련된 교육 내용이 바람직한 것으로 나타났다.

3학년은 대체로 2학년과 유사하나, 3~5위의 항목이 11퍼센트 미만인 것에 비해 '생태계'와 '자연보호' 항목이 23퍼센트 전후로 상대적으로 높아 항목의 편중 현상이 심하게 나타나고 있으며, '건전한 휴양 활동'이 새롭게 주목되는 항목으로 나타나고 있다. 이들 구성비를 통해 3학년에서는 자연 환경과 생태계의 구성 및 형성 과정에 대한 폭넓고도 기초적인 사항을 다루고, 그 파괴에 따른 다양한 결과를 다루는 교육 내용이 바람직한 것으로 나타났다.

4학년은 전반적인 사항에 있어서는 3학년과 유사한 경향을 보이나, 가장 높은 구성비를 보이는 '생태계'의 22.9퍼센트를 제외하면 그 밖의 항목은 15.3~8.3퍼센트를 보이고 있어 항목에 대한 편중 현상이 완화되고 있다. 이들 구성비를 통해 4학년에서는 3학년과 같은 자연 환경과 생태계의 구성 및 형성 과정에 대한 폭넓고도 기초적인 사항과, 그 파괴에 따른 다양한 결과를 다루는 한편, 기본적인 자연보호와 관련된 교육 내용이 바람직한 것으로 나타났다.

5학년은 '생태계' 항목이 22퍼센트로 가장 높고, '인간과 자연', '자연보호' 항목이 각각 20.5퍼센트, 17.4퍼센트로 1위와 근소한 차이를 보이고 있는 반면, '물·수자원'과 '동식물' 항목은 각각 8.3퍼센트, 7.6퍼센트를 보이고 있다. 또한 6학년은 대체로 5학년과 유사한 경향을 보이고 있다. 이들 구성비를 통해 5, 6학년은 자연 환경과 생태계의 구성 및 형성 과정에 대한 폭넓고도 기초적인 사항뿐만 아니라, 자연 환경의 파괴, 자연과 인간과의 관계 및 자연보호 등을 보다 심층적으로 다루는 교육 내용이 바람직한 것으로 나타났다. 또한 그 내용의 수준은 교과서 내용 외에도 지역사회의 문제를 포함하여 다양한 사회적 환경 문제 등에 대한 균형을 유지할 수 있도록 하는 것이 바람직할 것으로 생각된다.

| 환경오염 |　　　담당하는 학년에서 환경교육을 실시한다면 환경오염의 어떠한 내용이 가장 중요하고 적절한가에 대한 설문에서 '수질오염 일반'이라는 응답률이 19.4퍼센트로 가장 높은 비율을 나타내고 있으며, 이어서 '대기오염'과 '생활하수'가 각각 15.9퍼센트와 15.8퍼센트로 유사하게 나타났다. 그 다음으로 '폐기물의 재활용'(13퍼센트)과 '환경 위생'(10.1퍼센트) 등의 순으로 나타났다. 즉 전체적인 구성비를 검토하면, 대기와 수질 그리고 재활용 등 생활과 밀접한 관련이 있는 일반적인 환경오염에 대한 내용이 주를 이루고 있다고 판단된다. 특히 수질오염에 대한 응답률이 높은 것은 일반적인 경향도 있겠으나 충주호와 대청호가 지역의 주요한 자연 환경이라는 특성도 평가에 영향을 미친 것으로 보인다. 또한 일상적으로 감지할 수 있는 부분에서 고학년으로 갈수록 사회적이고 지역적인 수준으로 확장되어가고 있음을 알 수 있다.

　　학년별로 상위 5개 항목에 대한 구성비를 살펴보면, 1~4학년의 경향이 대체로 유사하고, 5학년과 6학년의 경향이 대체로 유사하게 나타났다.

학년	대기오염	수질오염 일반	농약 사용 등에 의한 토양 오염	산성비	환경 위생	폐기물의 재활용
1	16(14%)	24(21.1%)	3(2.6%)	4(3.5%)	16(14%)	14(12.3%)
2	21(15.2%)	27(19.6%)	13(9.4%)	3(2.2%)	15(10.9%)	20(14.5%)
3	22(17.1%)	30(23.3%)	6(4.7%)	1(0.8%)	14(10.9%)	16(12.4%)
4	18(12.5%)	29(20.1%)	7(4.9%)	8(5.6%)	13(9.0%)	19(13.2%)
5	22(16.7%)	22(16.7%)	7(5.3%)	9(6.8%)	11(8.3%)	14(10.6%)
6	27(20.0%)	22(16.3%)	9(6.7%)	1(0.7%)	11(8.1%)	20(14.8%)
계	126(15.9%)	154(19.4%)	45(5.7%)	26(3.3%)	80(10.1%)	103(13%)

학년	생활하수	소음	분진	환경호르몬	환경과 관련된 내용이면 무엇이든 상관이 없음	계
1	20(17.5%)	4(3.5%)	2(1.8%)	2(1.8%)	9(7.9%)	114(100%)
2	25(18.1%)	1(0.7%)	0(0%)	5(3.6%)	8(5.8%)	138(100%)
3	24(18.6%)	3(2.3%)	1(0.8%)	5(3.9%)	7(5.4%)	129(100%)
4	24(16.7%)	4(2.8%)	0(0%)	13(9.0%)	9(6.3%)	144(100%)
5	18(13.6%)	2(1.5%)	0(0%)	13(9.8%)	14(10.6%)	132(100%)
6	14(10.4%)	2(1.5%)	2(1.5%)	12(8.9%)	15(11.1%)	135(100%)
계	125(15.8%)	16(2%)	5(0.6%)	50(6.3%)	62(7.8%)	792(100%)

표6 학년에서 환경교육을 실시한다면 환경오염의 어떠한 내용이 가장 중요하고 적절한가(3개 선택)

학년별로는 1~3학년은 '수질오염', '생활하수', '대기오염' 등이 꾸준하게 상위 항목을 유지하고, 4학년이 되면 '폐기물의 재활용' 문제가 중요 항목으로 나타나고 있으며 새롭게 '환경호르몬'에 대한 항목이 상위 항목으로 중요시되고 있음을 알 수 있다.

5학년의 경우는 '수질오염'을 제외하고는 모든 항목에서 1~4학년 사이의 경향이 사라지고 '환경과 관련된 내용이면 무엇이든 상관이 없음'의 항목이 나타나, 특정 항목보다는 포괄적인 환경오염에 대한 내용을 다루는 경향이 나타나고 있다.

6학년의 경우도 5학년과 같이 뚜렷한 경향보다는 포괄적인 환경오염에 대한 내용을 다루는 경향은 유사하나, '수질오염'과 같은 실체적인 것보다는 '대기오염'과 '폐기물의 재활용'같이 보다 사회성이 요구되는 것에 대한 경향이 다소 강하게 나타나고 있다.

즉 초등학교에서 환경교육을 실시할 경우 다룰 수 있는 적합한 항목과 내용으로 제안한다면, 1~3학년의 저학년에서는 수질오염이나 생활하수와 같이 실제 일상적으로 많이 접하게 되는 내용에 대한 기본적인 지식을 위주로 교육하고, 4학년에서는 재활용이나 환경호르몬 같은 보다 시사적인 문제를 가미하는 것이 좋을 것 같으며, 5~6학년의 경우에는 외적 환경오염으로서의 대기오염과 재활용과 같은, 보다 공간적·사회적으로 확장된 형태의 오염 문제를 중심으로 다양한 환경 문제에 접하도록 하는 것이 바람직할 것으로 판단된다.

| 환경 개발 및 정책, 사회 환경 | 담당하는 학년에서 환경교육을 실시한다면 환경 개발 및 정책, 사회 환경의 어떠한 내용이 가장 중요하고 적절한가에 대한 설문에서 전체적으로는 '환경 보전 대책'에 대한 응답률이 21퍼센트로 가장 높은 비율을 나타내고 있으며, 이어서 '환경 윤리'가 15.9퍼센트로 나타났고, 다음으로 '건전한 소비 생활'(12.5퍼센트), '자원의 개발과 이용'(12.1퍼센트), '환경 정책'(11.5퍼센트) 등의 순으로 나타났다. 즉 전체적인 구성비를 검토하면, 환경 보존의 관점에서 올바른 자원의 활용과 개발, 그리고 건전한 소비를 통한 자원 절약이 중심을 이루고 있음을

알 수 있다.

학년별로 상위 5개 항목에 대한 구성비를 살펴보면, 1학년은 '환경 보전 대책'과 '건전한 소비 생활'이 각각 17.5퍼센트로 가장 높고, 이어서 '환경 윤리'와 '자원의 개발과 이용'이 각각 14퍼센트와 12.3퍼센트, 그리고 '환경 정책'과 '사회 환경'이 각각 9.6퍼센트를 나타내고 있다. 또한 2학년의 경우는 구성비에서는 다소의 차이를 보이나 1학년과 매우 유사한 응답 경향을 보이고 있다.

3학년의 경우 '환경 보전 대책'이 24.8퍼센트로 다른 항목과 비교하여 상대적으로 매우 높은 응답률을 보였으며, 나머지 항목은 14.7~10.1퍼센트 사이의 근소한 차이를 보이고 있다. 그러나 3학년 역시 전반적으로는 1, 2학년과 유사한 경향을 보이고 있다.

4학년의 경우도 전반적인 경향은 1~3학년과 유사하나, '환경 보전 대책'이 23.6퍼센트로 다른 항목에 비해 상대적으로 높은 응답률을 보여, 3학년에서처럼 1위 항목의 구성비가 상대적으로 높게 나타나고 있음을 알 수 있다.

5학년의 경우 1~4학년에서는 3위에 그쳤던 '환경 윤리'가 1위로 상승하고 '환경 보전 대책'이 2위로 순위가 바뀌었으나 그 차이는 근소하게 나타나고 있다.

6학년의 경우 전반적으로는 5학년과 유사한 경향을 보이고 있는데, 이들 5~6학년의 경우 '환경 정책'과 '자원의 개발과 이용'이 1~4학년에 비해 비중이 높아져 있음을 알 수 있다.

학년별 구성비를 살펴본 결과 1~2학년의 경우는 일상생활에서 실행

학년	환경 정책	사회 환경	환경 윤리	인구	산업화	지역 개발	환경 보전 대책
1	11(9.6%)	11(9.6%)	16(14.0%)	2(1.8%)	2(1.8%)	3(2.7%)	20(17.5%)
2	17(12.3%)	15(10.9%)	18(13.0%)	1(0.7%)	4(2.9%)	7(5.1%)	30(21.7%)
3	13(10.1%)	7(5.4%)	18(14.0%)	0(0%)	3(2.3%)	4(3.2%)	32(24.8%)
4	19(13.2%)	14(9.7%)	19(13.2%)	2(1.4%)	2(1.4%)	5(3.5%)	34(23.6%)
5	10(10.0%)	9(6.8%)	27(20.5%)	2(1.5%)	1(0.8%)	12(9.1%)	26(19.7%)
6	21(15.6%)	11(8.1%)	28(20.7%)	0(0%)	4(3.0%)	4(3.0%)	24(17.8%)
계	91(11.5%)	67(8.5%)	126(15.9%)	7(0.9%)	16(2.0%)	35(4.5%)	166(21.0%)

학년	환경 영향 평가	자원의 개발과 이용	건전한 소비 생활	엔트로피	ESSD (환경적으로 건전하고지속 가능한 개발)	환경과 관련된 내용이면무엇이든상관이없음	계
1	6(5.3%)	14(12.3%)	20(17.5%)	1(0.9%)	0(0%)	8(7.0%)	114(100%)
2	1(0.7%)	15(10.9%)	23(16.7%)	0(0%)	5(3.6%)	2(1.4%)	138(100%)
3	6(4.7%)	19(14.7%)	16(12.4%)	0(0%)	3(2.3%)	8(6.2%)	129(100%)
4	5(3.5%)	17(11.8%)	21(14.6%)	0(0%)	3(2.1%)	3(2.1%)	144(100%)
5	4(3.0%)	18(13.6%)	9(6.8%)	0(0%)	9(6.8%)	5(3.8%)	132(100%)
6	2(1.5%)	13(9.6%)	10(7.4%)	1(0.7%)	10(7.4%)	7(5.2%)	135(100%)
계	24(3.0%)	96(12.1%)	99(12.5%)	2(0.3%)	30(3.8%)	33(4.1%)	792(100%)

표7 학년에서 환경교육을 실시한다면 환경 개발 및 정책, 사회 환경의 어떠한 내용이 가장 중요하고 적절한가(3개 선택)

가능한 자원 절약과 환경 보전의 기본적인 방법에 대해 중점적으로 교육을 하고, 3~4학년의 경우는 환경 보전을 위한 자원 절약과 바람직한 개발 방향이 중심이 되며, 5~6학년의 경우는 환경 보존과 관련된 기본적인 자세와 정책, 그리고 친환경적인 개발 등 환경 개발 및 정책, 사회 환경 전반과 관련된 다양한 내용으로 환경교육을 실시하는 것이 바람직한 것으로 나타났다.

초등학교 환경교육에 있어서 지역 환경 반영에 대하여

초등학교에서 환경교육을 실시할 경우 지역(시 또는 충청북도)의 환경 특성 반영 여부에 대한 설문 결과, 일반 시민을 대상으로 한 설문 결과와 마찬가지로 약 95퍼센트에 가까운 교사들이 필요성을 느끼고 있다고 대답했으며, 그중 '매우 필요하다'는 응답률도 50퍼센트 이상을 넘었다.

지역의 환경 특성을 환경교육에 반영할 필요성이 매우 높다는 의향을 보이는 가운데, 환경교육에 있어서 충청북도의 다양한 환경 문제 중 도 전체와 각 시별로 다루어야 할 중요한 내용이 무엇인가에 대해 각각 응답을 요구하였다.

그 결과 충청북도의 경우 '자연 환경', '환경 공해 · 오염', '재활용' 등의 3개 항목이 다른 항목에 비해 높은 응답률을 보이는 것으로 나타났다.

각 소속 지역별로는 청주의 경우, '환경 공해 · 오염'이 22.1퍼센트로 매우 높은 응답률을 보였으며, '재활용'과 '자연 환경'이 15.4퍼센트와 13.5 퍼센트, 그리고 '환경 위생'이 9퍼센트로 다른 항목에 비해 상대적으로 높은 응답률을 보이고 있다.

충주의 경우는 '자연 환경'이 17.3퍼센트로 가장 높은 응답률을 보였으며, 이어서 '재활용', '환경 공해 · 오염', '보건 대책' 등이 각각 16.3퍼센트, 15.7퍼센트, 11퍼센트로 다른 항목에 비해 상대적으로 높은 응답률을 보이고 있다.

제천의 경우는 상위 그룹에 속하는 항목의 상대적 비율은 청주나 충주와 비교하여 높지는 않지만, '자연 환경', '환경 공해 · 오염', '재활용', '지

(명/%)

시	매우 필요하다	다소 필요하다	상관없다	그다지 필요하지 않다	전혀 필요하지 않다	계
충주	52(52.0%)	43(43.0%)	2(2.0%)	3(3.0%)	0(0%)	100(100%)
청주	40(44.9%)	45(50.6%)	2(2.2%)	2(2.2%)	0(0%)	89(100%)
제천	51(54.3%)	38(41.4%)	2(2.1%)	3(3.2%)	0(0%)	94(100%)
계	143(50.5%)	126(44.5%)	6(2.1%)	8(2.8%)	0(0%)	283(100%)

표8 초등학교에서 환경교육을 실시할 경우 지역(시 또는 충청북도)의 환경 특성 반영 여부

(명/%)

지역	자연 환경	환경 공해·오염	지역 개발	지역의 역사·문화	재활용	인구	산업화	자원
청주	36 (13.5%)	59 (22.1%)	18 (6.7%)	5 (1.9%)	41 (15.4%)	4 (1.5%)	11 (4.1%)	6 (2.2%)
충주	52 (17.3%)	47 (15.7%)	23 (7.7%)	9 (3.0%)	49 (16.3%)	3 (1.0%)	12 (4.0%)	12 (4.0%)
제천	42 (14.9%)	37 (13.1%)	29 (10.3%)	12 (4.3%)	34 (12.1%)	1 (0.4%)	9 (3.2%)	12 (4.3%)
충북	149 (17.6%)	106 (17.6%)	41 (5.9%)	14 (4.5%)	137 (16.1%)	7 (0.4%)	23 (1.4%)	24 (2.8%)

지역	보건 대책	환경 위생	환경 윤리	ESSD(환경적으로 건전하고 지속 가능한 개발)	소비 생활	농·산촌의 문화·역사	환경과 관련된 내용이면 무엇이든 상관이 없음	계
청주	23 (8.6%)	24 (9.0%)	16 (6%)	2 (0.7%)	16 (6.0%)	1 (0.4%)	5 (1.9%)	267 (100%)
충주	33 (11.0%)	21 (7.0%)	15 (5.0%)	2 (0.7%)	10 (3.3%)	4 (1.3%)	8 (2.7%)	300 (100%)
제천	25 (8.9%)	25 (8.9%)	26 (9.2%)	4 (1.4%)	10 (3.5%)	5 (1.8%)	11 (3.9%)	282 (100%)
충북	66 (7.7%)	45 (8.6%)	31 (7.2%)	10 (1.2%)	26 (4.9%)	5 (1.5%)	13 (2.7%)	849 (100%)

표9 환경교육에서 다루어져야 할 지역의 환경과 관련된 주요 항목(3개 선택)

역 개발' 등이 14.9퍼센트, 13.1퍼센트, 12.1퍼센트, 10.3퍼센트 등의 응답률을 보여, 그룹 내 각 항목 간의 구성비의 차이도 크게 차이를 보이고 있지 않다.

따라서 초등학교 환경교육에서 지역 환경 문제를 다룰 경우 충청북도 전체 수준에서는 자연 환경, 환경 공해·오염, 재활용 등을 중심으로 하고, 각 시·군의 경우는 지역의 특성에 맞는 환경 문제를 적절하게 선택하여 교육을 하는 것이 바람직하다고 판단된다. 즉 청주시의 경우는 최근 빠르게 성장하고 있는 중부권의 영향을 비교적 많이 받고 있는 도시이므로 도시 성장에 따른 도시 환경 문제가 중심이 되며, 충주나 제천시의 경우는 지역 내의 주요 관광 자원인 자연 환경에 대한 문제와 도시 환경 문제를 함께 다루면서 동시에 이를 만족시키는 친환경적 개발 문제도 중요한 내용으로 다루어져야 할 것으로 판단된다.

초등학교 환경교육의 추진 방법에 대하여

환경교육을 실시함에 있어 어떠한 방법으로 추진하는 것이 가장 중요한가를 파악하기 위한 설문 결과, 전체적으로는 항목 간 비교에서 가장 높은 20.2퍼센트의 구성비를 보인 '야외 관찰·실습'이 가장 효율적인 방법으로 나타났으며, 다음으로 '외부 장소·시설 활용'과 '현장학습(견학)'이 각각 16.7퍼센트와 16.2퍼센트, '학교 숲 등 시설 조성'이 13.5퍼센트로 높게 나타나, 이들 네 가지 방법이 전체 항목 중 상위 그룹을 형성하고 있는 것으로 나타났다. 가장 낮은 그룹으로는 '사례 연구법', '이야기 창작놀이', '강의', '그리기 창작놀이', '만들기 창작놀이' 등으로 1퍼센트 이하의 응답률을 보였다.

(명/%)

학년	야외활동게임	프로젝트법	외부장소시설활용	강의	교육기재개발	학교 숲 등 시설 조성	토론	실내실험실습	조사	역할모의연극놀이
1	13 (11.4%)	3 (2.6%)	13 (11.4%)	1 (0.9%)	2 (1.8%)	17 (14.9%)	1 (0.9%)	3 (2.6%)	3 (2.6%)	3 (2.6%)
2	10 (7.2%)	4 (2.9%)	23 (16.7%)	1 (0.7%)	2 (1.4%)	20 (14.5%)	0 (0%)	2 (1.4%)	3 (2.2%)	2 (1.4%)
3	8 (6.2%)	2 (1.6%)	22 (17.1%)	1 (0.8%)	2 (1.6%)	20 (15.5%)	0 (0%)	2 (1.6%)	4 (3.1%)	4 (3.1%)
4	8 (5.6%)	3 (2.1%)	27 (18.8%)	1 (0.7%)	2 (1.4%)	12 (8.3%)	5 (3.5%)	7 (4.9%)	1 (0.7%)	7 (4.9%)
5	8 (6.1%)	8 (6.1%)	21 (15.9%)	1 (0.8%)	3 (2.3%)	17 (12.9%)	5 (3.8%)	7 (5.3%)	6 (4.5%)	3 (2.3%)
6	6 (4.4%)	10 (7.4%)	26 (19.3%)	0 (0%)	1 (0.7%)	21 (15.6%)	1 (0.7%)	3 (2.2%)	6 (4.4%)	2 (1.5%)
계	53 (6.7%)	30 (3.8%)	132 (16.7%)	5 (0.6%)	12 (1.5%)	107 (13.5%)	12 (1.5%)	24 (3%)	23 (2.9%)	21 (2.7%)

학년	야외관찰실습	현장학습(견학)	컴퓨터이용학습	시청각매체이용	사례연구법	만들기창작놀이	그리기창작놀이	이야기창작놀이	기타	계
1	21 (18.4%)	20 (17.5%)	3 (2.6%)	8 (7%)	0 (0%)	1 (0.9%)	1 (0.9%)	1 (0.9%)	0 (0%)	114 (100%)
2	27 (19.6%)	28 (20.3%)	3 (2.2%)	11 (8%)	0 (0%)	0 (0%)	2 (1.4%)	0 (0%)	0 (0%)	138 (100%)
3	30 (23.3%)	19 (14.7%)	1 (0.8%)	12 (9.3%)	0 (0%)	2 (1.6%)	0 (0%)	0 (0%)	0 (0%)	129 (100%)
4	33 (22.9%)	24 (16.7%)	2 (1.4%)	7 (4.9%)	0 (0%)	3 (2.1%)	1 (0.7%)	1 (0.7%)	0 (0%)	144 (100%)
5	23 (17.4%)	16 (12.1%)	1 (0.8%)	7 (5.3%)	2 (1.5%)	2 (1.5%)	1 (0.8%)	0 (0%)	1 (0.8%)	132 (100%)
6	26 (19.3%)	21 (15.6%)	2 (1.5%)	9 (6.7%)	0 (0%)	0 (0%)	1 (0.7%)	0 (0%)	0 (0%)	135 (100%)
계	160 (20.2%)	128 (16.2%)	12 (1.5%)	54 (6.8%)	2 (0.3%)	8 (1%)	6 (0.8%)	2 (0.3%)	1 (0.1%)	792 (100%)

표10 환경교육을 실시한다면 학년별로 어떠한 방법이 가장 중요한가(3개 선택)

전체적인 경향으로는 '야외 관찰·실습', '외부 장소·시설 활용', '현장학습(견학)', '학교 숲 등 시설 조성' 등 네 가지 방법이 전체 항목 중 약 60~70퍼센트의 구성비를 차지하고 있는 것으로 나타났다. 이를 학년별로 볼 때 주요 항목 간의 순위 차이는 크게 뚜렷하지 않지만 내부적 구성을 살펴보면 다음과 같다.

1학년의 경우는 '야외 관찰·실습'이 18.4퍼센트로 가장 높고, 다음으로 '현장학습(견학)'이 17.5퍼센트로 이어지며, '학교 숲 등 시설 조성', '야외 활동·게임', '외부 장소·시설 활용' 등이 14.9~11.4퍼센트로 상위 항목 간의 뚜렷한 차이점은 나타나지 않았다.

2학년의 경우는 '현장학습(견학)'이 20.3퍼센트로 가장 높고, 다음으로 '야외 관찰·실습'이 19.6퍼센트로 높으며, '외부 장소·시설 활용'과 '학교 숲 등 시설 조성' 등이 16.7퍼센트와 14.5퍼센트, '시청각 매체 이용'은 8퍼센트로 나타났다.

3학년의 경우는 '야외 관찰·실습'이 23.3퍼센트로 가장 높고, 다음으로 '외부 장소·시설 활용', '학교 숲 등 시설 조성', '현장학습(견학)' 등이 17.1~14.7퍼센트로 이어지며, '시청각 매체 이용'은 9.3퍼센트를 나타내고 있다.

4학년의 경우는 '야외 관찰·실습'이 22.9퍼센트로 가장 높고, 다음으로 '외부 장소·시설 활용'이 18.8퍼센트, '현장학습(견학)'이 16.7퍼센트로 나타나고 있으며, '학교 숲 등 시설 조성'과 '야외 활동·게임'이 8.3퍼센트와 5.6퍼센트의 구성비를 보이고 있다.

5학년의 경우는 '야외 관찰·실습'이 17.4퍼센트로 가장 높고, 다음으로 '외부 장소·시설 활용', '학교 숲 등 시설 조성', '현장학습(견학)' 등이 15.9~12.1퍼센트로 이어지며, '야외 활동·게임', '프로젝트법'이 각각 6.1 퍼센트를 보이고 있다.

6학년의 경우는 5학년과 매우 유사한 경향을 보이나 각 방법이 전체에서 차지하는 중요성은 더욱 높아지고 있어, 보다 심화된 내용의 교육이 이루어지도록 추진해야 한다고 판단된다. 또한 5, 6학년에서는 상대적 구성비는 낮지만 '프로젝트법'이 환경교육의 적절한 방법으로 제시되고 있음을 알 수 있다.

이상의 분석 결과를 정리해보면 다음과 같다.

1, 2학년의 경우는 야외 관찰·실습이나 현장학습(견학) 등과 같이 단순하고 정보 전달량이 적은 관찰 활동을 중심으로 주변 환경에 대한 친숙함을 길러주며, 학교 숲 등 시설 조성, 야외 활동·게임, 외부 장소·시설 활용, 시청각 매체 이용 등을 부가하여 교육 방법의 다양화와 효율성을 높이는 것이 바람직하다고 판단된다.

3, 4학년의 경우는 단순한 보여주기나 견학 등을 줄이고 스스로 관찰과 체험을 통해 다양한 교육적 효과를 높일 수 있도록 하는 것이 바람직하다고 판단된다.

5, 6학년의 경우는 다양한 시설과 방법을 통해 터득한 다양한 교육적 체험과 지식을 기반으로 일정한 프로젝트를 수행하도록 지도하여 스스로 문제를 해결하는 기본적인 능력을 함양하게 해줄 필요가 있다.

다음으로, 환경교육을 추진한다면 학년별로 가장 효율적인 매개 시설 및 수단은 무엇이라고 생각하는가에 대한 설문 결과, 전체적으로는 '관찰

학년	숲	관찰화단	안내판	해설판	생태연못	안내물교재	체험논밭	실험·체험도구	실험·체험실습실	프로그램	기타	계
1	16 (21.1%)	22 (28.9%)	0 (0%)	0 (0%)	12 (15.8%)	3 (3.9%)	6 (7.9%)	4 (5.3%)	9 (11.8%)	4 (5.3%)	0 (0%)	76 (100%)
2	20 (21.7%)	22 (23.9%)	2 (2.2%)	0 (0%)	14 (15.2%)	5 (5.4%)	11 (12%)	1 (1.1%)	11 (12%)	5 (5.4%)	1 (1.1%)	92 (100%)
3	16 (18.6%)	17 (19.8%)	1 (1.2%)	0 (0%)	21 (24.4%)	2 (2.3%)	13 (15.1%)	2 (2.3%)	13 (15.1%)	1 (1.2%)	0 (0%)	86 (100%)
4	18 (18.8%)	33 (34.4%)	2 (2.1%)	1 (1.0%)	16 (16.7%)	3 (3.1%)	8 (8.3%)	1 (1.0%)	10 (10.4%)	3 (3.1%)	1 (1.0%)	96 (100%)
5	20 (22.7%)	22 (25%)	3 (3.4%)	1 (1.1%)	7 (8%)	2 (2.3%)	12 (13.6%)	4 (4.5%)	8 (9.1%)	8 (9.1%)	1 (1.1%)	88 (100%)
6	18 (20.0%)	17 (18.9%)	1 (1.1%)	0 (0%)	10 (11.1%)	2 (2.2%)	14 (15.6%)	2 (2.2%)	15 (16.7%)	11 (12.2%)	0 (0%)	90 (100%)
계	108 (20.5%)	133 (25.2%)	9 (1.7%)	2 (0.4%)	80 (15.2%)	17 (3.2%)	64 (12.1%)	14 (2.7%)	66 (12.5%)	32 (6.1%)	3 (0.6%)	528 (100%)

표11 환경교육을 추진한다면 학년별로 가장 효율적인 매개 시설 및 수단은 무엇인가(2개 선택)

화단이 25.2퍼센트로 가장 높게 나타났으며, 이어서 '숲'이 20.5퍼센트,
'생태연못'이 15.2퍼센트, '실험·체험 실습실'이 12.5퍼센트, '체험 논밭'이
12.1퍼센트로 상위 그룹을 형성하고 있다. 즉 실내보다는 실외, 작업적
성격보다는 놀이의 성격이 강한 체험, 도시보다는 자연 지역이 환경교육
을 실시함에 있어서 보다 효율적인 매개 시설 및 수단으로 판명되었다.

또한 이러한 전체적인 경향은 학년별 구성비와도 그 경향이 유사하게
나타나고 있으나, 5~6학년의 경우 비율은 다소 낮으나 교사들의 현장 지
도 경험을 통해 '프로그램'을 통한 환경교육도 효율적 수단이라고 생각하
고 있는 것으로 나타났다. 단, 이때의 프로그램은 단편적인 수단보다는
다양한 일련의 방법과 과정 등 환경교육의 효과를 높이기 위해 계획·설
계된 프로그램을 말한다.

초등학교 환경교육 시간과 횟수에 대하여

현재 초등학교에서 시행되는 환경교육 시간은 충분한가에 대한 설문에서 46.2퍼센트가 '부족'하다고 응답하였고, '매우 부족'하다는 응답도 8.3퍼센트로 나타나 전체적으로 54.5퍼센트가 부족하다고 응답하였다.

학년별로는 뚜렷한 차이를 보이지 않았으나, 대체로 고학년으로 갈수록 부족하다고 응답한 경향이 우세하고 저학년으로 갈수록 상대적으로 부족하다는 응답률이 낮은 경향을 보이고 있다. 즉 저학년의 경우 통합교과 등을 통해 환경교육 내용을 다룰 기회가 많지만, 고학년으로 갈수록 학과의 구분이 명백하여 그만큼 환경교육에 투입되는 시간이 적어지기 때문이라고 판단된다. 그러나 이러한 학년 간의 근소한 차이에도 불구하고 전체적으로 환경교육 시간은 부족하다는 응답을 보였다.

또한 현재 학생들에게 환경교육을 어느 정도로 실시하고 있는가에 대한 질문에 대해서는 '매달 1~3회'가 40.2퍼센트로 가장 높은 응답률을 보였으며, 다음으로 '연 3~4회', '매주 1회'가 각각 22.7퍼센트와 16.3퍼센트

| | | | | | (명/%) |
학년	충분	보통	부족	매우 부족	계
1	2(5.3%)	15(39.5%)	19(50.0%)	2(5.3%)	38(100%)
2	2(4.3%)	22(47.8%)	18(39.1%)	4(3.7%)	46(100%)
3	5(11.6%)	17(39.5%)	20(46.5%)	1(2.3%)	43(100%)
4	5(10.4%)	21(43.8%)	17(35.4%)	5(10.4%)	48(100%)
5	3(6.8%)	16(36.4%)	22(50.0%)	3(6.8%)	44(100%)
6	1(2.2%)	11(24.2%)	26(57.8%)	7(15.6%)	45(100%)
계	18(6.8%)	102(38.6%)	122(46.2%)	22(8.3%)	264(100%)

표12 현재 환경교육 시간은 충분하다고 생각하는가

(명/%)

학년	연1회	연2회	연3~4회	매달 1~3회	매주 1회	매주 2회 이상	기타	계
1	0(0%)	1(2.6%)	11(28.9%)	18(47.4%)	4(10.5%)	0(0%)	4(10.5%)	38(100%)
2	0(0%)	3(6.5%)	7(15.2%)	19(41.3%)	14(30.4%)	2(4.3%)	1(2.2%)	46(100%)
3	0(0%)	0(0%)	10(23.3%)	15(34.9%)	11(25.6%)	1(2.3%)	6(14%)	43(100%)
4	3(6.3%)	6(12.5%)	10(20.8%)	19(39.6%)	3(6.3%)	5(10.4%)	2(4.2%)	48(100%)
5	2(4.5%)	5(11.4%)	11(25%)	13(29.5%)	9(20.5%)	2(4.5%)	2(4.5%)	44(100%)
6	1(2.2%)	5(11.1%)	11(24.4%)	22(48.9%)	2(4.4%)	1(2.2%)	3(6.7%)	45(100%)
계	6(2.3%)	20(7.6%)	60(22.7%)	106(40.2%)	43(16.3%)	11(4.2%)	18(6.8%)	264(100%)

표13 학생들에게 환경교육을 어느 정도로 실시하고 있는가

로 높게 나타났다.

　학년별로는 1~3학년의 경우 '매달 1~3회'를 중심으로 '매주 1회'에서 '연 3~4회'까지의 횟수가 많았고, 4학년의 경우에는 '매달 1~3회'를 중심으로 '매주 2회 이상'에서 '연 2회'로, 또 5학년은 '매달 1~3회'를 중심으로 '매주 1회'에서 '연 2회'로 횟수의 분포가 다양해지나, 6학년의 경우는 '매달 1~3회'를 중심으로 '연 3~4회'와 '연 2회' 정도로 분포가 단순해지고 있다. 즉 저학년으로 갈수록 교육 횟수가 많아지고 고학년으로 갈수록 감소하는 경향을 보이고 있다.

　결과적으로 초등학교 환경교육을 효과적으로 실시하기 위해서는 어느 정도로 교육을 실행하면 현실적으로 바람직한가를 알아보기 위해 효과적인 교육 실행 횟수에 대해서 설문한 결과, 전체적으로는 35.2퍼센트의 응답률을 보인 '분기별 1회 이상 프로그램 실시'가 가장 높았으나, '매주 1회 이상 수업'과 '정식 교과목을 설치'의 구성비를 합치면 42.4퍼센트에 이르므로, 빈도수는 오히려 주 1회 정도의 구성비가 가장 높은 응답률

학년	시범학교 지정을 늘림	정식 교과목을 설치	매주 1회 이상 수업	분기별 1회 이상 프로 그램 실시	연 2회 이상 프로 그램 실시	연 1회 프로그램 실시	기타	계
1	1(2.6%)	3(7.9%)	15(39.5%)	15(39.5%)	2(5.3%)	0(0%)	2(5.3%)	38(100%)
2	1(2.2%)	8(17.4%)	19(41.3%)	13(28.3%)	3(6.5%)	0(0%)	2(4.3%)	46(100%)
3	2(4.7%)	9(20.9%)	8(18.6%)	10(23.3%)	11(25.6%)	1(2.3%)	2(4.7%)	43(100%)
4	2(4.2%)	6(12.5%)	8(16.7%)	18(37.5%)	10(20.8%)	2(4.2%)	2(4.2%)	48(100%)
5	0(0%)	9(20.5%)	12(27.3%)	18(40.9%)	3(6.8%)	0(0%)	2(4.5%)	44(100%)
6	1(2.2%)	6(13.3%)	9(20.0%)	19(42.2%)	7(15.6%)	1(2.2%)	2(4.4%)	45(100%)
계	7(2.7%)	41(15.5%)	71(26.9%)	93(35.2%)	36(13.6%)	4(1.5%)	12(4.5%)	264(100%)

표14 **초등학교 환경교육을 효과적으로 실시하기 위한 교육 실행 횟수**

을 보이게 된다고 할 수 있다. 따라서 전체적인 교사들의 의향은 주 1회 정도의 횟수로 환경교육을 자유로이 실시하는 것을 선호하고 있는 것으로 판단된다.

학년별로는 커다란 맥락에서의 구성비는 전체적인 경향과 유사하나 학년별 유사점과 특성을 고찰할 수는 없었다.

08
설문7

초등학교 환경교육의 추진과 정책에 대하여

실제로 환경교육을 실시함에 있어서 어려운 점은 무엇인가에 대한 설문에서, 전체적으로는 가장 높은 28.2퍼센트의 응답률을 보이는 '교과 과정에 포함되어 있지 않아 별도의 노력이 필요'한 점을 꼽았다. 다음으로 각각 17.6퍼센트와 15퍼센트를 보인 '자체 예산 부족'과 '자체 인력 부족'도 어려운 사유의 하나로 제기되었다.

교과 과정에 포함되어 있지 않아별도의 노력이 필요	자체 예산 부족	자체 인력 부족	시설조성 부지 확보	외부 실습 기관의 협조	지원기관의 다원화로 인한 행정적 어려움	외부 전문가 확보의 어려움	기타	계
119 (28.2%)	80 (17.6%)	61 (15%)	50 (10.2%)	46 (9.7%)	15 (3.4%)	58 (13.6%)	9 (2.3%)	438 (100%)

표15 환경교육을 실시함에 있어서 어려운 점(2개 선택)

환경교육을 효과적으로 실시하기 위한 교육 주체 및 관련 시설 조성 주체로서 중요한 그룹에 대해서 설문한 결과는 다음과 같다.

교육 주체로서는 전체적으로 응답률이 52.8퍼센트로 가장 높아 과반수 이상을 차지하는 '외부의 환경교육·활동 전문 기관'이 가장 적절한 교육 주체로 나타났으며, 이어서 '담임선생님'이 25.4퍼센트, 외부의 전문가·기관 학교의 '전담 선생님'이 11.9퍼센트로 나타났다.

학년별로 보면 위의 평가 경향은 유사한 구성비를 보이나, 고학년인 5, 6학년의 경우는 환경교육 주체로서 '외부의 환경교육·활동 전문 기관'에 대한 선택 비율이 60퍼센트 이상으로 더욱 높아지고 있다.

환경교육을 효과적으로 실시하기 위한 관련 시설의 조성 주체로서 중요한 그룹에 대한 설문의 경우도, 교육 주체와 같이 36퍼센트로 가장 높은 응답률을 보인 '외부의 환경교육·활동 전문 기관'이 가장 적절한 주체로 나타났으며, '담임선생님'과 '학교의 교직원'이 합쳐서 31.8퍼센트, 그다음으로 학부모(10.6퍼센트), 학생(8퍼센트) 순으로 나타났다.

학년별로는 고학년으로 갈수록 '외부의 환경교육·활동 전문 기관'의 비율도 높아지나 '담임선생님'의 역할과 '학생'의 역할이 강조되고 있다.

(명/%)

학년	담임 선생님	학교의 전담 선생님	외부의 환경 교육·활동 전문 기관	학교 운영 위원회	학생의 가정	시·군 교육청	기타	계
1	23(30.3%)	10(13.2%)	34(44.7%)	2(2.6%)	4(5.3%)	3(3.9%)	0(0%)	76(100%)
2	24(26.1%)	13(14.1%)	47(51.1%)	2(2.2%)	4(4.3%)	2(2.2%)	0(0%)	92(100%)
3	25(29.1%)	7(8.1%)	40(46.5%)	3(3.5%)	7(8.1%)	2(2.3%)	2(2.3%)	86(100%)
4	25(26.0%)	15(15.6%)	46(47.9%)	3(3.1%)	3(3.1%)	3(3.1%)	1(1.0%)	96(100%)
5	19(21.6%)	7(8.0%)	56(63.6%)	0(0%)	4(4.5%)	2(2.3%)	0(0%)	88(100%)
6	18(20.0%)	11(12.2%)	56(62.2%)	1(1.1%)	2(2.2%)	2(2.2%)	0(0%)	90(100%)
계	134(25.4%)	63(11.9%)	279(52.8%)	11(2.1%)	24(4.5%)	14(2.7%)	3(0.6%)	528(100%)

표16 환경교육을 효과적으로 실시하기 위한 교육 주체로서 중요한 그룹(2개 선택)

(명/%)

학년	담임 선생님	학교의 교직원	외부의 환경교육 활동 전문 기관	학교 운영 위원회	학생	학부모	주민	시·군 공무원	기타	계
1	12 (15.8%)	12 (15.8%)	26 (34.2%)	1 (1.3%)	4 (5.3%)	11 (14.5%)	4 (5.3%)	5 (6.6%)	1 (1.3%)	76 (100%)
2	18 (19.6%)	18 (19.6%)	28 (30.4%)	5 (5.4%)	5 (5.4%)	9 (9.8%)	2 (2.2%)	6 (6.5%)	1 (1.1%)	92 (100%)
3	13 (15.1%)	19 (22.1%)	29 (33.7%)	4 (4.7%)	7 (8.1%)	10 (11.6%)	2 (2.3%)	1 (1.2%)	1 (1.2%)	86 (100%)
4	16 (16.7%)	12 (12.5%)	35 (36.5%)	7 (7.3%)	6 (6.3%)	6 (6.3%)	3 (3.1%)	11 (11.5%)	0 (0%)	96 (100%)
5	13 (14.8%)	9 (10.2%)	33 (37.5%)	1 (1.1%)	10 (11.4%)	15 (17%)	1 (1.1%)	5 (5.7%)	1 (1.1%)	88 (100%)
6	18 (20.0%)	8 (8.9%)	39 (43.3%)	3 (3.3%)	10 (11.1%)	5 (5.6%)	3 (3.3%)	4 (4.4%)	0 (0%)	90 (100%)
계	90 (17.0%)	78 (14.8%)	190 (36.0%)	21 (4.0%)	42 (8.0%)	56 (10.6%)	15 (2.8%)	32 (6.1%)	4 (0.8%)	528 (100%)

표17 환경교육을 효과적으로 실시하기 위한 관련 시설의 조성 주체로서 중요한 그룹(2개 선택)

이상의 결과로 환경교육을 효과적으로 실시하기 위한 교육 및 관련 시설의 조성 주체로서 중요한 그룹은 '외부의 환경교육·활동 전문 기관' 이 가장 적절한 주체로 나타났으며, 이는 환경교육이 전문적인 영역으로

국가의지원	도의지원	해당 시·군의지원	학교운영위원회의지원	학생의 가정에 일임	기타	계
189 (43.4%)	124 (28.4%)	91 (19.7%)	19 (5.1%)	15 (3.4%)	0 (0%)	438 (100%)

표18 **초등학교의 환경교육을 효과적으로 실시하기 위한 바람직한 예산 지원 방법(2개 선택)**

서 학교 교육에 중요한 비중을 차지하고 있으나 학교 과정에서 환경교육을 정식 교과로 설치하기가 어려운 상황에서 외부 환경교육 전문 기관의 중요한 역할을 나타내는 결과라고 판단된다.

초등학교의 환경교육을 효과적으로 실시하기 위한 정책으로서 예산 지원은 어떠한 방법이 바람직한가에 대한 설문 결과, '국가의 지원'에 의한 방법이 43.4퍼센트로 가장 높은 응답률을 보였으며, 이어서 '도의 지원'과 '해당 시·군의 지원' 순으로 나타나 일반적인 행정적 절차를 통한 지원을 바람직하게 생각하는 것으로 나타났다.

초등학교 환경교육의 방향

이제까지의 조사 결과를 토대로 실제로 어떠한 내용으로 초등학교 환경교육을 추진할 것인가에 대해 학년별 환경교육 내용 목록을 작성하였다. 그 기준으로 크게 다음의 두 가지 점을 고려하였다. 하나는, 환경교육의 내용이 교과서와 연계를 가지며 교과서에 준하는 내용이 중심이 되어야 한다는 것이다. 둘째는 다양한 환경교육의 내용에 대해 어떠한 것을 중심으로 하고 어떠한 것을 보충적인 것으로 할 것인가의 문제인데, 이에 대한 기준은 초등학교 교사들의 설문 결과 50퍼센트에 해당하는 항목까지를 중심 내용으로 하고, 그 이외의 항목을 보충 내용으로 정하였다.

(명/%)

구분	1	2	3	4	5	6
자연 환경	·동식물 ·자연보호 ·생태계 ·인간과 동물	·생태계 ·자연보호 ·물·수자 원 ·동식물	·생태계 ·자연보호 ·물·수자 원	·생태계 ·자연보호 ·동식물 ·물·수자 원	·생태계 ·인간과 자연 ·자연보호	·생태계 ·자연보호 ·인간과 자연
환경 오염	·수질오염 일반 ·생활하수 ·대기오염	·수질오염 일반 ·생활하수 ·대기오염	·수질오염 일반 ·생활하수 ·대기오염	·수질오염 일반 ·생활하수 ·폐기물의 재활용	·수질오염 일반 ·대기오염 ·생활하수	·대기오염 ·수질오염 일반 ·폐기물의 재활용
환경 개발 및 정책, 사회환경	·환경 보전 대책 ·건전한 소비 생활 ·환경 윤리 ·자원 개발 과 이용	·환경 보전 대책 ·건전한 소비 생활 ·환경 윤리	·환경 보전 대책 ·자원 개발 과 이용 ·환경 윤리	·환경 보전 대책 ·건전한 소비 생활 ·환경 윤리 ·환경 정책	·환경 윤리 ·환경 보전 대책 ·자원 개발 과 이용	·환경 윤리 ·환경 보전 대책 ·환경 정책

표19 **초등학교 환경교육을 위한 학년별 교육 내용 목록**

초등학교 담임교사들을 대상으로 초등학교 환경교육의 방향 설정을 위한 설문 결과를 분석·고찰한 결과 다음과 같은 결론을 얻을 수 있었다.

초등학교 환경교육의 필요성과 효과에 대해서는 환경교육이 아이들의 감성 교육에 커다란 영향을 미치는 것으로 판단되었다.

초등학교 환경교육의 실시 수준으로서는, 저학년에서는 교과 과정을 위주로 환경교육을 진행하되 고학년으로 갈수록 교과 내용을 중심으로 일반적 상식이나 지역사회 주변의 다양한 환경 문제를 부가하여 환경교육을 하는 것이 바람직하며, 6학년의 경우는 교과서 내용 및 지역과 일반적인 다양한 사회적 환경 문제 등에 대한 균형감을 유지할 수 있도록 환경교육을 실시하는 것이 바람직한 것으로 판단된다.

초등학교 환경교육의 내용으로서는 '자연 환경', '환경오염', '환경 개발 및 정책, 사회 환경'의 3개 항목으로 구분하여 설문하였다.

초등학교 환경교육의 내용으로서 바람직한 '자연 환경'과 관련된 내용은, 전체적으로는 생태계라는 전반적인 자연 환경 체계 안에서 그 안의 생물적 구성요소인 동식물, 그리고 이들과 인간과의 바람직한 상호관계가 중심이 되어야 할 것으로 판단된다. 학년별로는 1학년은 주변의 자연 환경에 대한 친밀감을 높이고, 이를 아끼고 살피는 인간과 자연의 기본적인 관계 설정과 관련된 교육 내용이 바람직한 것으로 나타났다. 2학년은 자연 환경의 소중함과 그 유익성에 대한 폭넓고도 기초적인 사항과 관련된 교육 내용이 바람직한 것으로 나타났다. 3학년은 자연 환경과 생태계의 구성 및 형성 과정에 대한 폭넓고도 기초적인 사항과, 그 파괴에 따른 다양한 결과를 다루는 교육 내용이 바람직한 것으로 나타났다. 4학년은 자연 환경과 생태계의 구성 및 형성 과정에 대한 폭넓고도 기초적인 사항과, 그 파괴에 따른 다양한 결과를 다루는 한편, 기본적인 자연보호와 관련된 내용을 다루는 교육 내용이 바람직한 것으로 나타났다. 5~6학년은 자연 환경과 생태계의 구성 및 형성 과정에 대한 폭넓고도 기초적인 사항과, 자연 환경의 파괴와 인간과의 관계 및 보호 등을 다루되, 그 내용의 수준은 교과서 내용 외에도 지역과 일반적인 다양한 사회적 환경 문제 등에 대한 균형감을 유지할 수 있도록 환경교육을 실시하는 것이 바람직한 것으로 판단되었다.

초등학교 환경교육의 내용으로서 바람직한 '환경오염'과 관련된 내용은, 대기와 수질 그리고 재활용 등 생활과 밀접한 관계를 갖는 일반적인 환경오염에 대한 내용이 중심이 되어야 할 것으로 판단된다. 즉 초등학교에서 환경교육을 실시할 경우 다루어질 수 있는 적합한 항목과 내용을 학년별로 제안한다면, 1~3학년의 저학년에서는 수질오염이나 생활하수와 같이 실제 일상적으로 많이 접하게 되는 내용에 대한 기본적인 지식을 위주로 교육하고, 4학년에서는 재활용이나 환경호르몬과 같은 보다 시사적인 문제를 가미하는 것이 좋을 것 같으며, 5~6학년의 경우에는 외적 환경오염으로서의 대기오염이나 재활용과 같은, 보다 공간적·사회적으로 확장된 형태의 오염 문제를 중심으로 다양한 환경 문제에 접하도록 하는 것이 바람직한 것으로 판단된다.

초등학교 환경교육의 내용으로서 바람직한 '환경 개발 및 정책, 사회 환경'과 관련된 내용은, 환경 보존의 관점에서 올바른 자원의 활용과 개발, 그리고 건전한 소비를 통한 자원 절약과 관련된 내용이 중심이 되어야 할 것으로 판단된다. 학년별로는 1~2학년의 경우는 일상생활에서 실행 가능한 자원 절약과 환경 보전의 기본적인 방법에 대해 중점적으로 교육을 하고, 3~4학년의 경우 환경 보전을 위한 자원 절약과 바람직한 개발 방향이 중심이 되며, 5~6학년의 경우는 환경 보존과 관련된 기본적인 자세와 정책, 그리고 친환경적인 개발 등 환경 개발 및 정책, 사회 환경 전반과 관련된 다양한 내용으로 환경교육을 실시하는 것이 바람직한 것으로 판단된다.

초등학교 환경교육에 있어서 지역 환경을 반영할 경우, 충청북도 도

전체 수준에서는 자연 환경, 환경 공해·오염, 재활용 등을 중심으로 하고, 각 시·군의 경우는 지역의 특성에 맞는 환경 문제를 적절하게 선택하여 환경교육을 하는 것이 바람직하다고 판단된다. 즉 청주시의 경우는 최근 빠르게 성장하고 있는 중부권의 영향을 비교적 많이 받고 있는 도시로 도시 성장에 따른 도시 환경 문제가 중심이 되며, 충주나 제천시의 경우는 지역 내의 주요 관광 자원인 자연 환경에 대한 문제와 도시 환경 문제를 함께 다루면서 동시에 이를 만족시키는 친환경적 개발 문제도 중요한 내용으로 다루어져야 할 것으로 판단된다.

초등학교 환경교육의 추진 방법으로서는 실내보다는 실외, 작업적 성격보다는 놀이의 성격이 강한 체험, 도시보다는 자연 지역이 환경교육을 실시함에 있어서 보다 효율적인 매개 시설 및 수단으로 판명되었다. 학년별로는 1~2학년의 경우는 야외 관찰·실습과 현장학습(견학) 등과 같이 단순하고 정보 전달량이 적은 관찰 활동을 중심으로 주변 환경에 대한 친숙함을 길러주며, 학교 숲 등 시설 조성, 야외 활동·게임, 외부 장소·시설 활용, 시청각 매체 이용 등을 부가하여 교육 방법의 다양화와 효율성을 높이는 것이 바람직하다고 판단된다. 3~4학년의 경우는 단순한 보여주기나 견학 등을 줄이고 스스로 관찰과 체험을 통해 다양한 교육적 효과를 높일 수 있도록 하는 것이 바람직하다고 판단된다. 5~6학년의 경우는 다양한 시설과 방법을 통해 터득한 다양한 교육적 체험과 지식을 기반으로 일정한 프로젝트를 수행하도록 지도하여 스스로 문제를 해결하는 기본적인 능력을 함양하게 해줄 필요가 있다.

초등학교 환경교육의 바람직한 실시 횟수는, 저학년으로 갈수록 교육 횟수가 많아지고 고학년으로 갈수록 감소하는 현황을 감안한다면, 교사들 대부분이 주 1회 정도의 횟수로 환경교육을 자유로이 실시하는 것을 선호하고 있는 것으로 판단되었다.

초등학교 환경교육의 추진과 정책에 대해서 실제로 환경교육을 실시함에 있어서 어려운 점으로는, 환경교육이 교과 과정에 포함되어 있지 않아 별도의 노력이 필요한 점을 가장 어려운 점으로 꼽았으며, 다음으로 자체 예산 부족과 자체 인력 부족도 어려운 사유의 하나로 제기되었다.

이러한 가운데 초등학교에서 환경교육을 효율적으로 추진하기 위해서는 외부의 환경교육·활동 전문 기관이 가장 적절한 교육 주체로 나타났으며, 이는 학교 과정에 환경교육을 정식 교과로 설치하기가 어려운 상황에서 외부 환경교육 전문 기관의 중요한 역할을 나타내는 결과라고 판단된다. 한편 관련 시설의 조성 주체는 고학년으로 갈수록 담임선생님과 학생의 역할이 강조되고 있는 것으로 나타났다.

마지막으로 초등학교의 환경교육을 효과적으로 실시하기 위한 정책으로서 예산 지원은 어떠한 방법이 바람직한가에 대해서는 국가의 지원이 매우 중요한 것으로 나타났으며, 일반적인 행정적 절차를 통한 지원 체계를 유지하는 것을 바람직하게 생각하고 있는 것으로 판단되었다.